Impressum

September 2007

Haftungsausschluss:
Alle Angaben wurden sorgfältig recherchiert und zusammengestellt. Für die Richtigkeit und Vollständigkeit des Inhalts sowie für zwischenzeitliche Änderungen übernehmen Redaktion und Verlag keine Gewähr.

Herausgeber:
Markus Garn
F.A.Z.-Institut für Management-, Markt- und Medieninformationen GmbH, Innovationsprojekte,
Mainzer Landstraße 199,
60326 Frankfurt am Main

Projektmanagement: Saskia Feiber (F.A.Z.-Institut)
Redaktion: Gabriele Kalt (MALIKA)
Gestaltung: Ernst Bernsmann (F.A.Z.-Institut)
Druck: Boschen Offsetdruck GmbH, Frankfurt am Main

ISBN 10: 3-89981-781-8
ISBN 13: 978-3-89981-781-2

Geleitwort

Sehr geehrte Damen und Herren,
liebe Leserinnen und Leser,

deutsche Unternehmen genießen weltweit einen ausgezeichneten Ruf. In der Regel denkt man dabei vor allem an die Spitzenunternehmen aus der Industrie, die mit innovativen Fahrzeugen, Maschinen und chemischen Produkten Deutschland zur führenden Exportnation gemacht haben.

Der Beitrag der Dienstleistungen ist dagegen oft weniger sichtbar. Diese gehen vielfach versteckt als produktionsbegleitende Dienstleistungen in die Wertschöpfung der Industrieunternehmen ein.

Doch innovative Dienstleistungen insgesamt sind ein entscheidender Faktor für den Standort Deutschland. Im Mittelpunkt stehen dabei vor allem die wissensintensiven Dienstleistungen wie technische und EDV-Dienstleistungen. Aber auch bei den sonstigen Dienstleistungen wie Handel oder Verkehr spielen Innovationen eine immer wichtigere Rolle. Ein Beispiel ist die Nutzung der Informationstechnik in hochkomplexen Logistikdienstleistungen.

Nach Schätzungen des Zentrums für Europäische Wirtschaftsforschung (ZEW) ist bereits fast jedes zweite innovative Unternehmen in Deutschland ein Dienstleistungsunternehmen. Bei den wissensintensiven Dienstleistungen beträgt der Anteil der neuen Produkte am Umsatz über 21 %. Dies ist kaum weniger als im forschungsintensiven verarbeitenden Gewerbe.

In Zukunft werden Dienstleistungen für den Standort Deutschland immer wichtiger, vor allem weil hier noch Beschäftigungssteigerungen zu erwarten sind.

Die Bundesregierung will diesen Strukturwandel aktiv begleiten. Wir haben dazu die Förderung von Schlüsseltechnologien und die Unterstützung für kleine und mittlere Unternehmen deutlich ausgebaut. Es kommt aber vor allem auf die Verbesserung der Rahmenbedingungen an. Die Senkung der Unternehmenssteuern war dabei ein wichtiger Schritt. Bei weiteren wichtigen Maßnahmen – vor allem zur Stärkung der Bildung – sind Politik, Unternehmen und Gesellschaft gleichermaßen gefragt.

Ich wünsche mir, dass die guten Beispiele erfolgreicher Unternehmen – wie in dieser Broschüre zusammengestellt – eine weite Verbreitung finden und andere zur Nachahmung anregen.

Ihr

Michael Glos,
Bundesminister für Wirtschaft und Technologie

Vorwort

Produkt-Know-how und integrierte Problemlösung

Prof. Dr. Dr. h.c. mult.
August-Wilhelm Scheer,
Firmengründer der
IDS Scheer AG

Die Wettbewerbsfähigkeit des Standorts Deutschland wird in zunehmendem Maße durch die Innovationskompetenz seiner Unternehmungen bestimmt. Mitte des vergangenen Jahrhunderts wurde die Innovationskraft dabei insbesondere mit der Entwicklung neuer materieller Produkte bzw. der Verbesserung vorhandener Produkte gleichgesetzt. Als Beispiele sind neben dem Bau des ersten Automobils oder des ersten Computers auch jüngere Entwicklungen wie das MP3-Format oder der Hybridmotor zu nennen.

Im letzten Jahrzehnt gerieten aufgrund der steigenden Relevanz des tertiären Sektors Dienstleistungen als Innovationsobjekte in den Fokus von Wissenschaft und Praxis. Es wurden Entwicklungsprozesse und -methoden bereitgestellt, die eine systematische Entwicklung neuartiger Dienstleistungen gewährleisten sollen. Interdisziplinär ausgerichtet, macht das Service-Engineering das aus dem Bereich der klassischen Ingenieurwissenschaften stammende Know-how der Produktentwicklung für die Entwicklung von Dienstleistungen nutzbar.

Aktuell ist zu beobachten, dass zur Erzielung nachhaltiger Wettbewerbsvorteile Sachleistungen und Dienstleistungen und somit auch deren Entwicklungsprozesse stärker verknüpft werden. Dies geht so weit, dass bestimmte Produkteigenschaften nur durch das Produkt ergänzende, in Extremfällen das Produkt ersetzende Dienstleistungen sichergestellt werden. Als Beispiele seien hier die Wartung und Instandhaltung mobiler Arbeitsmaschinen im Maschinen- und Anlagenbau oder die Anwendungsberatung im IT-Sektor zu nennen.

Diese Betrachtungsweise stellt nicht das materielle Produkt oder die zu entwickelnde Dienstleistung selbst, sondern den aus ihm gewonnenen Nutzen in den Vordergrund. Durch die Ersetzung materieller Komponenten durch Dienstleistungen soll eine nachhaltige, ressourcenschonende Bedürfnisbefriedigung ermöglicht werden. In diesen auch als Product-Service-Systems bezeichneten Problemlösungen liegt ein hohes Innovationspotential. In Zukunft steht weniger die Frage nach dem besten Produkt oder der besten Dienstleistung im Vordergrund als vielmehr die beste integrierte Problemlösung.

Insbesondere im IT-Sektor wurde dieser Trend erkannt. Der Innovationsschwerpunkt liegt weniger in der Entwicklung neuer Softwarefeatures als vielmehr in der besten Kombination aus Beratung und Softwareprodukt, um so den Anwendern eine optimale Problemlösung zur Verfügung zu stellen.

Vorwort

Innovation treibt Dienstleister

Dienstleistungsunternehmen stehen heute genauso wie Produktunternehmen im Wettbewerb um die beste Lösung. Die Zukunft gehört Unternehmen, die eine hohe Wandlungsfähigkeit besitzen und schnell auf die sich ändernden Markt- und Umfeldbedingungen reagieren können. Die Innovationsfähigkeit von Dienstleistungsunternehmen wird damit zu einem wesentlichen Wettbewerbsfaktor.

Während die produzierende Industrie schon lange erkannt hat, dass die Entwicklung und Einführung erfolgreicher Innovationen ein wichtiger Wettbewerbs- und Überlebensfaktor ist, stehen viele Dienstleister erst am Anfang dieses Erkenntnisprozesses. Systematisches Innovationsmanagement steckt hier „sprichwörtlich" noch in den Kinderschuhen.

Seit dem Jahr 2004 beschäftigt sich PricewaterhouseCoopers (PwC) systematisch mit dem Thema Innovation. PwC bietet seinen Mandanten eine Dienstleistungspalette, die von Wirtschaftsprüfung (Assurance) über Steuerberatung (Tax) bis zu Transaktionsberatung und Consulting (Advisory) reicht. Für uns bedeutet innovative Prüfung und Beratung vor allem vorauszudenken. Da sich die Marktbedingungen, Gesetze und Regularien ständig wandeln, spielen vorausschauendes Denken und neue Lösungsmöglichkeiten und -verfahren neben der Qualität und Zuverlässigkeit bei der Erbringung der Prüfungs- und Beratungsleistung eine entscheidende Rolle.

Im Vordergrund des Innovationsprozesses bei PricewaterhouseCoopers steht natürlich der Kunde. Für uns liegen die Treiber für Neuerungen deswegen häufig in den Wünschen und Bedürfnissen der Kunden, aber auch der nationalen und internationalen Regulierung (z.B. der amerikanischen Börsenaufsicht) oder neuen Geschäftsmodellen, die zum Beispiel aus Megatrends wie Klimawandel oder digitale Welt abgeleitet und entwickelt werden.

Das Ideenpotential steckt in den Köpfen der Mitarbeiter, die unmittelbaren Kundenkontakt haben. Deswegen legen wir Wert auf eine Innovationskultur, in der die Mitarbeiter Freiräume haben, aus Ideen konkrete Innovationsvorschläge zu entwickeln. Dies erfordert ein klares Committment des Managements. Neben einer definierten Innovationsstrategie setzen wir bei PwC auf ein funktionierendes Innovationsmanagementsystem, das alle Mitarbeiter als potentielle Ideengeber einbindet. Innovation ist bei uns Teil des Tagesgeschäftes mit dem Motto „Innovate every Day".

Martin Scholich,
Vorstand der
PricewaterhouseCoopers AG

Vorwort

Impulsgeber für die Zukunft

Wirtschaft, Politik und Wissenschaft fordern den systematischen und zielgerichteten Auf- und Ausbau von nachhaltiger Innovationskompetenz, um Deutschland einen Spitzenplatz in den Schlüsselbranchen der Zukunft zu sichern. Die Erkenntnis ist gereift, dass das Know-how in Forschung & Entwicklung die Basis ist, aber auf dem Weg zum Markt und zum Kunden viele Innovationspotentiale liegen, die erschlossen werden müssen.

Die Unternehmen der verarbeitenden Industrie haben diese Notwendigkeit für das eigene nachhaltige Wirtschaften spätestens Anfang der 90er Jahre als Impuls aus der Automobilindustrie aufgenommen und in viele benachbarte Branchen übertragen und weiterentwickelt. Im Dienstleistungssektor hingegen steckt das systematische Innovationsmanagement oft noch in den Anfängen. Dabei liegt das Erfolgsgeheimnis wie bei den produzierenden Unternehmen darin, Innovationstreiber in unterschiedlichen unternehmerischen Prozessen zu sein und diese Potentiale systematisch zu verknüpfen, damit ein nachhaltiger Nutzen für den Kunden am Markt entsteht.

In der vorliegenden Best-Practice-Studie präsentieren wir eine facettenreiche Mischung unterschiedlicher Dienstleister und Dienstleistungen, die ihre Leistungsfähigkeit, Ideenreichtum und Innovationsfähigkeit vorstellen und zeigen, wie sie im Wettbewerb einen entscheidenden Vorsprung aufbauen und erhalten. Dabei gibt es erkennbare Muster und Systematisierungsmethoden, aber kein Patentrezept, das die 25 ausgewählten Unternehmen bei Ihrem Blick hinter die Kulissen offenbaren. Letztlich entscheidet die individuelle Ausprägung der Innovationskultur mit Blick auf die eigenen internen und externen Rahmenbedingungen über den Erfolg.

Wir danken den Partnern, allen voran PricewaterhouseCoopers, für die inspirierende Zusammenarbeit und das erfolgreiche Zusammenführen exklusiver Netzwerke. Besonderer Dank gilt den 25 Unternehmen und Autoren, die Einblicke in Ihre Erfolgsmodelle geben sowie den jungen Innovationstreibern, die das Potential der Zukunft in sich tragen.

Wir möchten gemeinsam alle Leser motivieren und ermutigen, ihren Weg zur ganzheitlichen Innovationskultur erfolgreich zu meistern. Damit die vorausschauenden Fähigkeiten ausgewählter Unternehmen vielen Impulsgeber für die Zukunft sind.

Markus Garn,
Leiter Innovationsprojekte
im F.A.Z.-Institut

Innovationstreiber am Standort Deutschland

Erfolgsmodelle aus der Praxis

Beluga Shipping

Mit Windkraft zum Marktführer

„Die Basis unseres Erfolgs setzt sich zusammen aus harter Arbeit, Visionen, Durchsetzungsvermögen, kontrollierter Risikobereitschaft, aber auch dem Mut, neue Wege zu gehen.“

Niels Stolberg, Geschäftsführender Gesellschafter, Beluga Shipping GmbH

Die Beluga Shipping GmbH mit Stammsitz in Bremen ist eine der größten Trampreedereien für maßgeschneiderte Projekt- und Schwergutverschiffungen weltweit. 1995 durch zwei Partner gegründet, hat sich das Unternehmen zu einem Spezialisten entwickelt, wenn es darum geht, Fabrikanlagen, Windkraftanlagen, Luxusyachten, Transformatoren oder Turbinen zu transportieren. Im Unternehmen hat man zum richtigen Zeitpunkt erkannt, dass die Globalisierung das Verkehrsaufkommen im Heavy-Lift-Bereich ankurbelt bei gleichzeitiger Abnahme der verfügbaren Kapazitäten an geeigneter Hardware. Anfänglich noch als Cargo-Operator im Dienst, wurde schon im dritten Jahr in den ersten eigenen Mehrzweckschwergutfrachter investiert.

Da die Ladung sperriger Anlagen, Maschinen oder gar kompletter Fabriken individuelle Lösungen verlangte und ganz besondere Anforderungen an die Schiffe stellte, wurden schließlich 1999 die ersten vier Mehrzweckschwergutfrachter mit eigenem Krangeschirr, das über eine Hebelastkapazität von bis zu 240 Tonnen verfügt, konstruiert. Die eigene Flotte umfasst mittlerweile 47 Frachter im Zeichen des Belugawals.

„Mitarbeiterschiff“

Der Förderung und Bindung von qualifizierten Nachwuchskräften wird große Bedeutung beigemessen. 2004 wurde die SEA ACADEMY als maßgeschneidertes Ausbildungskonzept für jährlich bis zu 160 Kadetten an Bord gegründet. Sechs hochmoderne Mehrzweckschwergutfrachter verfügen über ein extra eingerichtetes Ausbildungsdeck mit Unterkünften, einem Seminarraum, PCs und einer maritimen Fachbibliothek. Darüber hinaus finanziert die Beluga Group Stiftungsprofessuren im Studiengang Nautik an der Seefahrtsschule Elsfleth und der Hochschule Bremen. Gemeinsam mit der Hochschule Bremen wurde außerdem der europaweit bislang einzigartige internationale Studiengang „Shipping & Chartering“ ins Leben gerufen.

Als Anerkennung der bisherigen Leistungen sowie als weitere Voraussetzung für ein dynamisches Wachstum hat das Unter-

Die Nische: schwere, voluminöse und sperrige Güter

SkySails – innovative Technologie mit Potential

nehmen 2007 ein „Mitarbeiterschiff" als Beteiligungsmodell eingeführt. Alle Mitarbeiter, die seit mindestens zwei Jahren im Unternehmen beschäftigt sind, erhalten gemäß Funktion und Verantwortungsbereich im Unternehmen zusätzlich zum Grundgehalt Anteile an einem derzeit noch im Bau befindlichen Schiff.

Best Practice: Windenergie

Mit dem Projekt „SkySails" stellt das Unternehmen unter Beweis, dass Innovationen und die Nutzung neuer Technologien Wettbewerbsvorteile auf unterschiedlichen Ebenen schaffen. Wind ist auf See mehr als ausreichend vorhanden. Diesen Umstand macht sich die Beluga Group als weltweit erste Reederei zukünftig zunutze: Im dritten Quartal des Jahres wird der Mehrzweckschwergutfrachter MS „Beluga SkySails" erstmals Windenergie als unterstützende Antriebsquelle nutzen. Durch den Einsatz eines gleitschirmartigen Zugdrachens können die Treibstoffkosten eines Schiffes im Jahresdurchschnitt, abhängig von den Windverhältnissen, zwischen 10 und 35% gesenkt werden.

Die Beluga Group unterstützt den Drang, Kundenbedürfnissen mit Highperformance zu begegnen, mit der kontinuierlichen Beteiligung und Planung am Design und an der Konstruktion neuer, spezieller Schiffstypen. Bis zum Jahr 2010 plant das Unternehmen die Flotte strategisch auf 75 Einheiten auszubauen und nimmt so Kurs auf die Weltmarktführerschaft. Die nächste Generation Beluga-Frachter, die ab 2008 gebaut wird, wird mit bordeigenem Krangeschirr mit einer kombinierten Hebelastkapazität von bis zu 1.400 Tonnen ausgestattet sein. ▪

Facts & Figures

Beluga Group
Gründung: 1995
Branche: Projekt- und Schwergutschifffahrt
Dienstleistungen/Produkte: individuelle, maßgeschneiderte Transportlösungen
Umsatz (2006): 175 Mio. Euro
Mitarbeiter: 1.650 weltweit
Standorte: Bremen, Stammsitz
Rotterdam, Niederlande
Houston, USA
São Paulo, Brasilien
Beijing, China
Shanghai, China
Mumbai, Indien
Tokio, Japan
Singapur

Auszeichnungen

2006: Bremer Unternehmer des Jahres
2006: Entrepreneur des Jahres
2006: Vision des Jahres (SkySails-Einsatz)

Internetlinks

www.beluga-group.com
www.sea-academy.de

Commerzbank

Dienstleister für den Mittelstand

„Tüfteln und Erfinden war gestern. Heute und morgen werden Spitzenforschung und Innovationsmanagement über Unternehmenserfolg und Wachstumsdynamik der Wirtschaft entscheiden."

Martin Blessing,
Mitglied des Vorstands,
Commerzbank AG

Die Commerzbank AG ist seit Übernahme der Eurohypo im Jahr 2005 das zweitgrößte Kreditinstitut in Deutschland und eines der bedeutendsten Europas. Sie versteht sich als kompetenter Dienstleister für Privat- und Geschäftskunden des deutschen Mittelstandes, betreut aber auch weltweit zahlreiche große und multinationale Firmenkunden. Die Tatsache, dass im Jahr 2006 das beste Geschäftsergebnis der Firmengeschichte erreicht wurde, spricht für den aktuellen Wachstumskurs der Bank.

Neben der strategisch wichtigen Übernahme der Eurohypo wurden in den vergangenen Jahren auch in weiteren Geschäftsfeldern Effizienz- und Wachstumsprogramme begonnen, darunter z.B. im Privatkundengeschäft die im letzten Herbst gestartete Kampagne „Zukunft durch Wachstum", neue Produkte wie das kostenlose Girokonto und die Ausweitung der Öffnungszeiten auf Samstage in fast allen Filialen. Mit Hilfe dieser Strategien konnten allein in den letzten zwölf Monaten mehr als 150.000 neue Kunden für die Commerzbank gewonnen werden.

Impuls- und Ideengeber für Innovationen

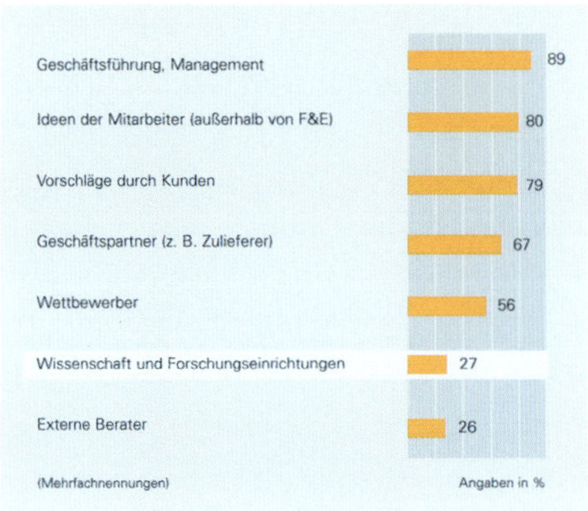

Umfragen: Basis der Mittelstandsdiskussion

Ein besonderes Augenmerk legt die Bank seit 2004 auf ihr traditionelles Kerngeschäft als Dienstleister für mittelständische Unternehmen. Im Rahmen des dafür neu gegründeten Ressorts „Mittelstandsbank" hat sich das Unternehmen zum Ziel gesetzt, die beste Bank für mittelständische Unternehmen zu sein. Mit Erfolg: Jedes dritte Unternehmen mit mindestens 2,5 Mio. Euro Umsatz hat derzeit eine Kontoverbindung mit der Commerzbank. Dabei legt der Finanzdienstleister großen Wert darauf, stets zu wissen und zu verstehen, was ihre mittelständischen Unternehmen umtreibt und welche Themen sie auf ihrer Agenda haben. Hierbei spielt – über die klassischen Finanzbeziehungen hinaus – die Kommunikation mit den Unternehmen eine entscheidende Rolle. Aus diesem Grund erarbeitete die Commerzbank eine langfristig angelegte Strategie, mit deren Hilfe die speziellen Probleme und Erwartungen des Mittelstandes aufgegriffen, untersucht und diskutiert werden: die Initiative UnternehmerPerspektiven.

Best Practice: Vernetzung

Den unmittelbaren Anstoß für die UnternehmerPerspektiven gaben die Unternehmen selbst. In einer bundesweiten Befragung im Frühjahr 2005 hatten die mittelständischen Firmenkunden der Commerzbank ein Engagement ihres Bank-

Moderator Jan Hofer diskutiert mit Unternehmern, Wissenschaftlern und Politikern

hauses eingefordert, das über die reine Finanzberatung und -dienstleistung hinausgeht: Mehr Vernetzung untereinander sowie mit Politikern, Wissenschaftlern und Verbandsvertretern, mehr partnerschaftlicher Austausch und mehr praxisnaher Dialog.

Die Befragung legte den Grundstein zur ersten Studie „Wirtschaft in Bewegung" und gleichzeitig die inhaltliche Grundlage der Veranstaltungsreihe UnternehmerPerspektiven, die drei drängende Themen der Unternehmer identifizierte: Kostenmanagement, die Gewinnung qualifizierten Nachwuchses und Innovationsfähigkeit.

Diese Themen werden in bundesweiten und regionalen Foren diskutiert, zu denen die Bank Gäste aus Wirtschaft, Verbänden, Politik und Wissenschaft einlädt, um Verständnis füreinander zu schaffen und tragfähige Lösungsansätze für die Herausforderungen des Mittelstandes zu entwickeln. Im Auftrag der Initiative führt TNS Infratest seit 2006 halbjährlich eine der größten Mittelstandsbefragungen bei 4.000 Unternehmen durch. Nachdem 2006 als zweites Studien- und Diskussionsthema „Qualifiziertes Personal als Schlüsselressource" im Fokus stand, lud die Bank im Frühjahr 2007 zu rund 80 Veranstaltungen zum dritten Thema „Innovation als Erfolgsfaktor im Mittelstand" ein.

Innovative Kommunikation

Die UnternehmerPerspektiven liefern für die Firmenkundenkommunikation doppelt strategischen Nutzen: Die Bank verfügt damit über eine innovative zielgruppenorientierte Kommunikationsplattform, auf der die aktuellen Fragen der unternehmerischen Agenda diskutiert werden und die so gleichzeitig die Positionierung und Ziele der Bank vereint.

Facts & Figures

Commerzbank AG
Gründung: 1870
Branche: Banken und Versicherungen
Dienstleistungen/Produkte: Finanzdienstleistungen
Umsatz (2006): 608 Mrd. Euro
Mitarbeiter: ca. 36.000 weltweit
Standorte: weltweit, Hauptsitz in Frankfurt am Main

Auszeichnungen

2007: Mobius Award „Best Application – Improving Customer Service"
2007: Beste Fondsbank
2007: Deutschlands beste Kreditberatung

Internetlinks

www.commerzbank.de
www.unternehmerperspektiven.de

Deutsche Post World Net

Vom weltgrößten zum innovativsten Logistikkonzern

„Mit einer Innovationsoffensive setzt sich die Deutsche Post World Net an die Spitze der logistischen Entwicklung. Schlüsseltechnologien wie RFID sind die Grundlage neuer logistischer Angebote, Telematiklösungen optimieren die Prozesse und schränken den Ressourcenverbrauch ein, alternative Antriebe und innovative CO_2-neutrale Produkte verkleinern den ökologischen Fußabdruck.“

Dr. Keith Ulrich,
Leiter des Unternehmensbereichs Technologie & Innovation Management,
Deutsche Post World Net

Als größter Logistikanbieter ist die Deutsche Post World Net weltweit die Nummer 1. Aber Größe ist kein Wert an sich. Wer in Zukunft beim Kunden gefragt sein will, muss innovativ sein – gerade in der Logistikindustrie. Sie steht vor immer neuen Aufgaben, weltumspannende Lieferketten noch effizienter zu steuern. Zugleich ist der Verkehr nach der Energieerzeugung und der Industrie der drittgrößte Faktor des Klimawandels. Um diesem entgegenzuwirken, ist die Logistikwirtschaft gefordert, ihren Verbrauch an fossilen Energieträgern einzuschränken und alternative Konzepte zu entwickeln.

DHL Innovation Center

Mit diesen beiden Herausforderungen sind die Kernaufgaben des Technologie & Innovation Managements der Deutschen Post World Net benannt. Seit März 2007 sind alle Forschungs- und Entwicklungsabteilungen des Bereichs im DHL Innovation Center in Troisdorf nahe der Bonner Konzernzentrale zusammengefasst. Aufgabe des Centers ist es, aus Zukunftstrends marktfähige Logistikdienstleistungen mit hohem Innovationsgrad zu entwickeln.

Gemeinsam mit Partnern innovativ

Um den eigenen Blickwinkel zu weiten, verzahnt die Deutsche Post World Net ihre Innovationsprojekte eng mit Partnern. Zu den strategischen Innovationspartnern gehören mit IBM, Intel, Motorola und SAP einige der weltweit größten IT-Unternehmen. Diese Partnerschaften ergänzt die Deutsche Post World Net durch einen Pool kleinerer Expertenunternehmen. Daneben betreibt das DHL Innovation Center gemeinsam mit den Logistikinstituten des Massachusetts Institute of Technology (MIT) in Boston und Saragossa sowie der deutschen Fraunhofer-Gesellschaft sogenanntes „Technology-

Entwicklung des Innovation Centers: Entladeroboter für Container und Wechselbrücken

Scouting". Darüber hinaus haben Deutsche Post und DHL ihre Großkunden dazu aufgerufen, logistische Problemstellungen und Zukunftsstrategien mit der Innovationseinheit auszutauschen. Damit ist das DHL Innovation Center ein „Think Tank" für die besten Köpfe – der Kunden, der Partner und des Konzerns.

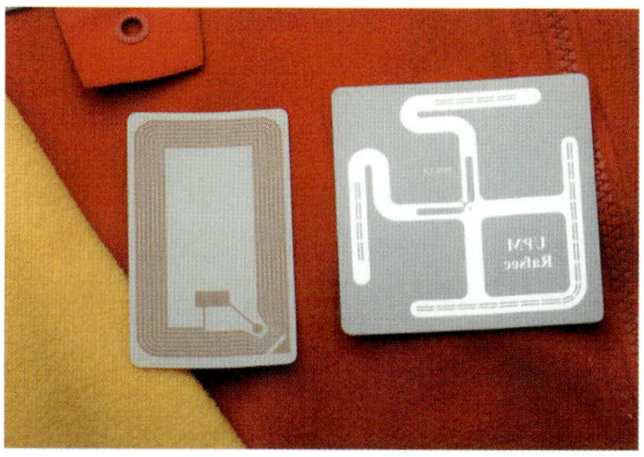

RFID: Lösungen für Fashion-Logistik

GoGreen-Initiative

Einer der Forschungsschwerpunkte des DHL Innovation Centers ist die GoGreen-Initiative. Dahinter steckt das Angebot des CO_2-neutralen Paketversands. Die während des Transports ausgestoßenen CO_2-Mengen werden dabei zu 100% durch unternehmensinterne und externe Klimaschutzprojekte ausgeglichen. Seit 2006 haben Geschäftskunden in ganz Europa die Möglichkeit, ihre Pakete „CO_2-neutral" zu versenden, seit August 2007 gibt es GoGreen als Pluspäckchen auch in allen 13.000 Postfilialen. Kein anderer Logistikdienstleister verfügt derzeit über CO_2-neutrale Produkte.

Neben dem Klimaschutz arbeitet das Innovationsteam von DHL an Projekten im Bereich Telematik und RFID. Die Telematikprojekte zielen darauf ab, aktuelle Verkehrsinformationen in die Tourenplanung von Fahrzeugen einfließen zu lassen, um diese etwa um Staus und Baustellen herumzulotsen. Dafür ist eine Vielzahl an Geoinformationen zu bearbeiten, die in ein Flottenmanagement für rund 120.000 Fahrzeuge weltweit integriert werden müssen.

Best Practice: RFID

Beim Megatrend RFID ermittelt das DHL Innovation Center Praxislösungen und arbeitet an der Standardisierung von Funketiketten und Funkfrequenzen mit. Eine Praxisentwicklung ist die RFID-gestützte Temperaturüberwachung von Sendungen während des Transportes. Die Pilotanwendung kommt aus der Pharmaindustrie.

Ein anderes Teilprojekt lotet die Möglichkeiten aus, die aus einem intelligenten, RFID-gespickten Container resultieren. In dieser „Smartbox" werden zusätzlich zur Temperatur auch Feuchtigkeit, Erschütterungen und Vibrationen gemessen. Bekommt ein mit elektronischen Bauteilen beladener Container bei rauer See zu heftige Stöße ab, übermittelt der Sensor-Tag die Informationen dem Empfänger mittels Satellit. Damit ist die Ladung zwar immer noch defekt. Der Empfänger der Ware kann aber rechtzeitig Ersatz ordern und so seine Prozesse stabilisieren. ▪

Facts & Figures

Deutsche Post World Net
Gründung: 1995
(Privatisierung)
Branche: Logistik und Finanzdienstleistung
Umsatz (2006): rund 60 Mrd. Euro
Mitarbeiter: rund 520.000 weltweit, 240.000 in Deutschland
Standorte: weltweit, Hauptsitz in Bonn

Auszeichnungen

2007: TOP Career Website
2005: Good Company Ranking, Auszeichnung „Sozialstes deutsches Unternehmen"
2005: 1. Platz Gesundheitsmanagement (Studie im Auftrag der Zeitschrift Capital)

Internetlinks

www.dpwn.de
www.dhl-innovation.de

Deutsche Telekom

Kundenorientiertes Management des Ideenflusses

„Der Innovationsprozess muss sowohl die technologische und produktgetriebene Komponente als auch den Blick in den Markt enthalten. Wichtig ist, frühzeitig Überlegungen zu den zukünftigen Kundenbedürfnissen einzubeziehen."

Christopher Schläffer,
Group Product & Innovation Officer,
Deutsche Telekom AG

Telekommunikation und Informationstechnologien gehören überall auf der Welt zu den wichtigsten Treibern für wirtschaftliches Wachstum. Schnelle Internetverbindungen und Mobiltechnologien haben dafür gesorgt, dass persönliche Kommunikation und der Zugriff auf das Internet zu jeder Zeit und an fast jedem Ort möglich sind. Telekommunikation, Internet und Medien wachsen mit dem persönlichen und sozialen Netzwerk der Menschen zusammen und bringen jeden Tag neue Möglichkeiten, Produkte und Dienste hervor.

Dabei agieren sowohl Dienste- als auch Infrastrukturanbieter zunehmend global. Attraktive Entwicklungen setzen sich in kurzer Zeit durch: Second Life, Youtube oder My Space sind innerhalb weniger Monate international bekannt geworden; keiner dieser vieldiskutierten Anbieter ist vor 2003 gestartet.

Frühe Einbindung des Kunden

Eine wesentliche Aufgabe der Forschungs- und Entwicklungseinheit eines Telekommunikations- und IT-Unternehmens ist es, dieses Tempo entsprechend umzusetzen und den Fluss an Ideen und Wissen zu gewährleisten. Den Rahmen für die Innovationsaktivitäten der Deutschen Telekom bildet die ganzheitliche und in die Zukunft gerichtete Betrachtung und Analyse der Faktoren Kunde, Markt und Technologien. Neben dem organisatorischen Konzept, das die Einbindung der „F&E Community" sicherstellt, sind weitere Instrumente in den Phasen Ideenflussmanagement, Themenauswahl, Projektdurchführung und Kommerzialisierung erfolgskritisch. Wesentlicher Bestandteil ist die frühe und intensive Einbindung des Kunden und seiner Bedürfnisse zum Beispiel durch Lead User. Diese fördern die Fokussierung auf wirklichen Kunden-

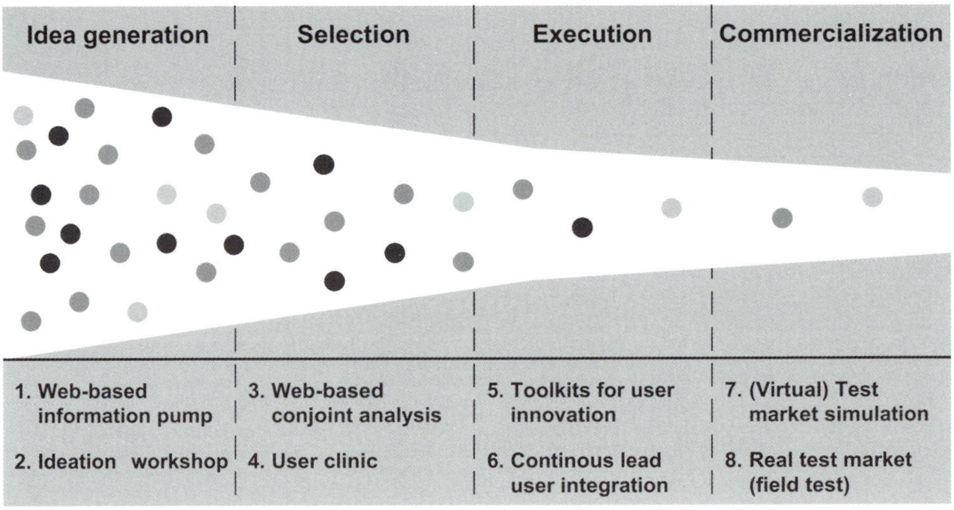

Der Kunde steht im Fokus des Innovationsprozesses

nutzen und damit den Transfererfolg von der Forschung und Entwicklung bis zum fertigen Produkt.

Internet-Protkoll-Fernsehen (IPTV)

Einer der thematischen Schwerpunkte der F&E-Projekte der Deutschen Telekom ist die Entwicklung zukünftiger Fernsehdienste.

Interaktive Anwendung IPTV

Durch die Einführung von IPTV eröffnen sich jenseits des klassischen Fernsehens neue Anwendungsmöglichkeiten, bei denen der Kunde sein Programm individuell zusammenstellen und interaktiv mit dem Medium selbst kommunizieren kann. Der Fernsehzuschauer hat künftig beispielsweise die Möglichkeit, live in eine Quizsendung zugeschaltet zu werden oder über seine TV-Fernbedienung direkt an Gewinnspielen teilzunehmen.

Bei allen IPTV-Projekten wird mit einem Drei-Perspektiven-Modell gearbeitet, das Kunde, Business und Technik gleichermaßen in den Fokus nimmt. Durch die Vernetzung und enge Zusammenarbeit der drei Bereiche wird eine Beschleunigung des Innovationszyklus und eine optimale Ausrichtung auf die Kundenbedürfnisse angestrebt. Für das Thema „Interaktive IPTV Services" wurde im frühen Projektstatus eine innovative Marktforschungsmethode (sog. User Clinic) mit rund 200 potentiellen Nutzern angewandt, deren Ergebnisse in die weitere Produktentwicklung einfließen.

Best Practice: DT Laboratories

Vielversprechende Innovationen zu gestalten ist eine Aufgabe, die sowohl von der Wissenschaft als auch von den Unternehmen gelöst werden muss. Die Verbindung beider Positionen hat die Deutsche Telekom als Ansatz gewählt und 2004 zusammen mit der Technischen Universität Berlin auf deren Campus die Deutsche Telekom Laboratories gegründet. Die Mission von DT-Laboratories-Leiter Peter Möckel: Richtungweisende Forschung von innovativen und marktnahen Informations- und Telekommunikationstechnologien zu etablieren. Als Forschungs- und Entwicklugnsinstitut des Telekom-Konzerns sind die Laboratories zuständig für die Umsetzung der F&E-Prozesse. Als An-Institut sind sie gleichzeitig eine privatrechlich organisierte wissenschaftliche Einrichtung der Universität, die durch vier Professuren mit der TU verbunden ist. In den Telekom Laboratories wird so das Know-how der Deutschen Telekom mit den Potentialen von Spitzenforschern aus aller Welt gebündelt. ▪

Facts & Figures

Deutsche Telekom AG
Gründung: 1995
(Privatisierung)
Branche: Telekommunikation
Dienstleistungen/Produkte:
Breitband-Internet, Mobilfunk, Festnetztelefonie, Internetdienste, IT
Umsatz (2006): 61,3 Mrd. Euro
Mitarbeiter: rund 249.000
Standorte: weltweit in rund 50 Ländern, Hauptsitz in Bonn

Auszeichnungen

2007: IF Communication Design Award
2006: Deutscher IT Sicherheitspreis für Net-centric Security
2006: IDDY Preis für Netzausweis

Internetlinks

www.telekom.de
www.deutsche-telekom-laboratories.de

Deutsches Zentrum für Luft- und Raumfahrt

Innovation sichert Geld für die Forschung

„Grundlage für unseren Erfolg war der stringente Kulturwandel von einer Aufbauorganisation hin zu einem gelebten Prozessmanagement: flache Hierarchien, kurze Entscheidungswege, motivierte Mitarbeiter und prozessorientierte betriebswirtschaftliche Informationssysteme."

Manfred J. Senden, Bereichsleiter Finanzen und Unternehmenscontrolling, Deutsches Zentrum für Luft- und Raumfahrt e.V.

Das Deutsche Zentrum für Luft- und Raumfahrt e.V. (DLR) ist das öffentliche Forschungsunternehmen für Luft- und Raumfahrt. Seine Forschungs- und Entwicklungsarbeiten in Luftfahrt, Raumfahrt, Energie und Verkehr sind in nationale und internationale Kooperationen eingebunden.

Lean Management, EFQM-Exzellenzmodell, Geschäftsprozessmanagement – Themen wie diese sind die Leitplanken unseres Handelns. In Zeiten steigenden Wettbewerbs auf dem Forschungssektor ergibt sich ein Spannungsfeld zwischen den Forderungen nach Kostenreduktion und wissenschaftlicher Exzellenz. Dieser Herausforderung stellt sich das DLR intensiv seit zehn Jahren.

Insbesondere die administrative Infrastruktur des DLR, die klassischen Unterstützungsprozesse der Verwaltung wie Planen und Steuern, Einkaufen, Aufträge und Personal managen, hat sich konsequent hin auf die Bedürfnisse der internen Kunden in den wissenschaftlichen Instituten ausgerichtet.

Grundlage für unseren Erfolg war der Wandel der administrativen Infrastruktur von einer Aufbauorganisation hin zu einem gelebten Prozessmanagement. Vorgänge, die zuvor in Einzelschritte zerlegt und in unterschiedlichen Abteilungen bearbeitet wurden, werden jetzt als Einheit begriffen und von Anfang bis Ende von dem selben Mitarbeiter oder Team verfolgt und verantwortet. Reibungsverluste durch zeitraubende Abstimmungen und Redundanzen konnten dadurch spürbar verringert werden. Im Prozessmanagement gilt der Grundsatz: die Struktur folgt dem Prozess, und der Prozess richtet sich nach der Strategie aus. Die Organisation richtet sich also nach den Erfordernissen der Arbeit und optimiert und reduziert die Schnittstellen. Dieser Organisationsentwicklungsprozess wird durch die Übertragung zeitlich befristeter Führungs-

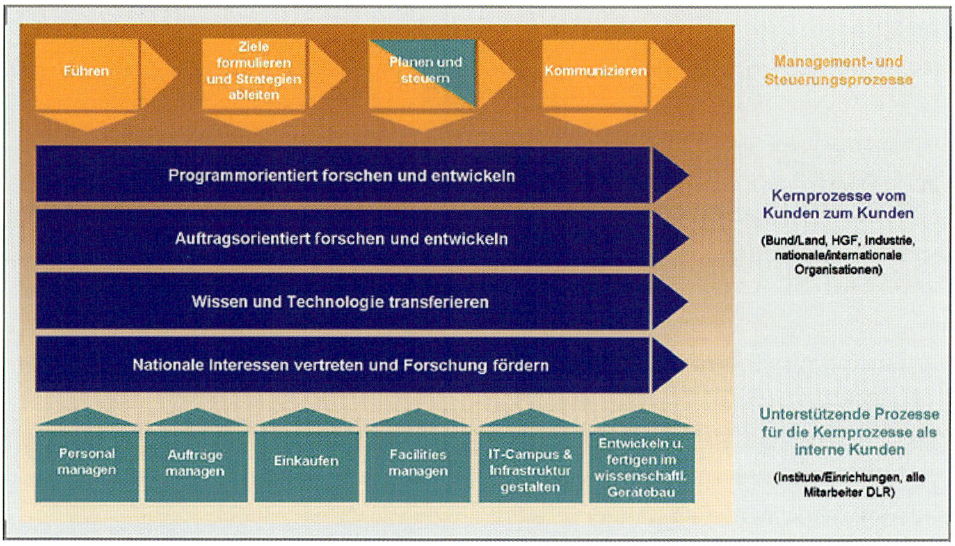

verantwortung und Steuerung über Kennzahlen flankiert. Zielvereinbarungen mit Mitarbeitern oder Teams und eine offene Kommunikation sind notwendige Voraussetzungen für einen erfolgreichen Kulturwandel. Ein Kennzeichen unserer Prozesskultur ist es, dem Primat der besseren Idee zum Durchbruch zu verhelfen.

Unsere Prozessportale fördern Transparenz und Orientierung für die Nutzer im DLR. Informationen zur richtigen Zeit an den richtigen Adressaten zu liefern ist Grundlage für unternehmerischen Erfolg wie auch Herausforderung für die Gestaltung von Geschäftsprozessen. Um dies zu erreichen, müssen sowohl die Informationen strukturiert dargestellt als auch die Prozessabläufe durch einen geeigneten Workflow unterstützt werden. Auf dieser Basis lassen sich Kostensenkungspotentiale ausschöpfen. Langfristige Ziele sind die systematische Optimierung der Informations- und Wissensprozesse sowie der Einstieg in die virtuelle administrative Infrastruktur.

Durch die Prozessportale werden unter anderem folgende Leistungen bereitgestellt:
- die Einarbeitung neuer Mitarbeiter in die Prozessabläufe
- eine transparente Darstellung von Strukturen und Ansprechpartnern
- Bereitstellung elektronischer Formulare und Hilfestellung bei der Bearbeitung

Institutskaufleute

Seit 1999 wurde die Dezentralisierung im Auftragsmanagement nach dem Grundsatz „Der Prozess beginnt und endet in der Einrichtung" über das Konzept der Institutskaufleute fortgesetzt. Die Institutskaufleute stehen für personenbezogene Vor-Ort-Betreuung in der Einrichtung, frühzeitige Einbindung, kürzere Reaktionszeiten und Beratung in kaufmännischen Fragestellungen.

Best Practice: Informationssysteme

Das Konzept der Institutskaufleute mit einem prozessharmonisierten betriebswirtschaftlichen Informationssystem erhöht bei gleichbleibender Mitarbeiterkapazität die Effizienz, z.B. im Auftragsmanagement: In den letzten fünf Jahren verdoppelte sich die Quote der externen Aufträge von ca. 25% auf 50% des FuE-Budgets.

Ein schlankes prozessorientiertes betriebswirtschaftliches Informationssystem leistet damit einen signifikanten Beitrag zur Wertschöpfung. Dazu müssen die Geschäftsprozesse umfassend und detailliert beschrieben und Verantwortlichkeiten festgelegt werden. Der Idealprozess des betriebswirtschaftlichen Informationssystems im DLR wird kontinuierlich mit seinem SAP-Referenzprozess abgeglichen. Je nach Anwendungsfall werden Individuallösungen als Alternativen angestrebt, die ggf. unter der Nebenbedingung angemessener Kosten und maximalen Kunden- und Mitarbeiternutzens ausgewählt werden. Das erfolgreiche Prozessmanagement wurde bestätigt: Bei der Zertifizierung im Herbst 2006 erreichte die administrative Infrastruktur nach IBEC-Assessment 560 Punkte nach Assessment-Bewertung EFQM2003 inklusive gesellschaftsbezogener Ergebnisse. ▪

Facts & Figures

Deutsches Zentrum für Luft- und Raumfahrt e.V.
Gründung: 1969
Branche: Forschung
Dienstleistungen/Produkte:
Dienstleistungen in den Bereichen Luftfahrt, Weltraum, Verkehr und Energie
Budget: 1.275 Mio. Euro
FuE-Budget: 542 Mio. Euro
Mitarbeiter: 5.469

Auszeichnungen

2006: Best-Practice-Beitrag für Deutschland auf der 4th Quality Conference for Public Administrations in the EU in Tampere, Finnland
2005: Gewinner des 7. internationalen Speyerer Qualitätswettbewerbs im Themenfeld „Qualität in der Verwaltung"

Internetlink

www.dlr.de

Duales System Deutschland

Urban Mining – ein innovativer Wirtschaftszweig

„Wo marktwirtschaftliche Mechanismen greifen, entsteht Raum für Investitionen und auch für Erträge. Das Verpackungsrecycling in privatwirtschaftlicher Eigenregie hat dies gezeigt: Die unbeirrte und konsequente Weiterentwicklung beispielsweise hochwertiger Kunststoffverwertungstechniken hat bewirkt, dass sowohl Wirtschaft als auch Umwelt heute davon profitieren."

Stefan Schreiter, Vorsitzender der Geschäftsführung, Duales System Deutschland GmbH

Die Duales System Deutschland GmbH wurde 1990 als privatwirtschaftliches Unternehmen gegründet mit dem Kerngeschäft der Übernahme von Entsorgungs- und Recyclingverpflichtungen für Industrie und Handel.

Vor 17 Jahren schien die Vision des „Urban Mining", also die Rückgewinnung von Rohstoffen aus dem Abfall für den Wirtschaftskreislauf, undenkbar. Stattdessen drohte Deutschland in Abfallbergen zu ersticken; gleichzeitig wurde immer deutlicher, dass die Vorräte an fossilen Ressourcen endlich und Alternativen dringend notwendig waren.

Die erste großtechnische Umsetzung der Kreislaufwirtschaft, die die Duales System Deutschland GmbH (DSD) durch das Recycling von gebrauchten Verkaufsverpackungen einführte, schuf Abhilfe. Verkaufsverpackungen nicht nur aus Glas, Papier und Metallen, sondern auch aus Kunststoffen und Verbundstoffen werden heute flächendeckend in ganz Deutschland eingesammelt, aufbereitet und verwertet. Allein im Jahr 2006 hat DSD auf diese Weise über 3,7 Mio. Tonnen Verpackungen recycelt und dabei unter anderem die Emission von 1,7 Mio. Tonnen klimaschädlicher Treibhausgase verhindert.

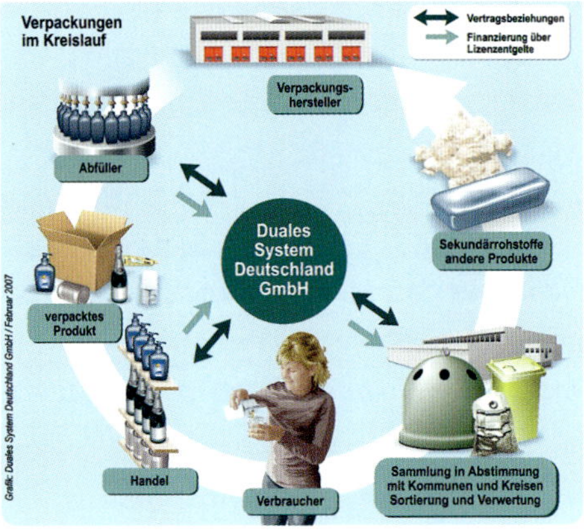

Arbeitsweise Duales System

Um das zu erreichen, waren technische Innovationen in vielen Bereichen notwendig. Leichtverpackungen mit dem Grünen Punkt werden heute vorwiegend automatisch sortiert – moderne Sortiermodule unterscheiden mit einer Trefferquote von über 90% nicht nur Getränkekartons von Reinigungsmittelflaschen, sondern auch verschiedene Kunststoffarten. Die entsprechende Technik ist in den 90er Jahren mit Unterstützung der DSD entwickelt und perfektioniert worden, heute wird sie nicht nur zur Sortierung von Leichtverpackungen eingesetzt, sondern auch, um verschiedene Papierqualitäten zu sortieren, farbige Gegenstände und vieles mehr.

Neue Märkte für Sekundärrohstoffe

Ein weiterer großer Bereich, in dem DSD Innovationen angestoßen hat, ist der der Verwertungstechniken für die eingesammelten Verpackungen. Das Recycling von Kunststoffen schien vor 15 Jahren noch unmöglich oder zumindest unwirtschaftlich, heute ersetzen hochwertige Regranulate aus gebrauchten Verkaufsverpackungen neue Granulate in der Kunststoffindustrie, und Getränkekartons werden zu Papierfasern, Kunststofffolien und Aluminium aufbereitet. Dabei ist die Entwicklung der entsprechenden Techniken nur ein Aspekt der

Abfälle als Rohstoffquelle der Zukunft

Innovation. Genauso wichtig war der Aufbau entsprechender Märkte für die erzeugten Sekundärrohstoffe. Umweltschutz ist damit keine teure Nische engagierter Pioniere mehr, sondern ein lohnender Wirtschaftszweig, in dem Experten die Leitbranche der Zukunft sehen.

Markenzeichen „Der Grüne Punkt"

Der Grüne Punkt, das Finanzierungszeichen für das Recycling von Verkaufsverpackungen und geschützte Marke der DSD, steht für den Beginn dieser Entwicklung. Nicht umsonst hat daher der Grüne Punkt die Auszeichnung „Marke des Jahrhunderts" erhalten. Er ist heute das meistverbreitete Markenzeichen der Welt, in Deutschland liegt die Bekanntheit der Marke nahe 100 %, und insgesamt 28 Länder in Europa nutzen den Grünen Punkt als Finanzierungszeichen für das Verpackungsrecycling. Die Erfahrungen mit dem Aufbau des Recyclings mit dem Grünen Punkt, zu dem auch das Handling sehr großer Datenströme gehört, nutzt DSD inzwischen auf weiteren Geschäftsfeldern, die sich mit Rücknahme und Verwertung befassen, zum Beispiel für das Recycling von Transportverpackungen oder von Elektro- und Elektronikaltgeräten.

Best Practice: Youth Eco-Parliament

Seit Gründung des Unternehmens 1990 engagiert sich DSD, Sinnhaftigkeit und Nutzen der Kreislaufwirtschaft jungen Menschen zu vermitteln. Das Unternehmen stellt sich damit einer Verantwortung, in der es nicht nur die Politik, sondern auch die Wirtschaft sieht. Das internationale Youth Eco-Parliament (YEP) ist eine Gründung der PRO EUROPE s.p.r.l., Brüssel, der Dachorganisation der Grüner-Punkt-Gesellschaften, zu der auch DSD gehört. Von Anfang an hat DSD dieses länderübergreifende Engagement für mehr Umweltbildung und Umweltbewusstsein bei Schülern nach Kräften gefördert. YEP weist öffentlich auf Umweltprobleme hin, sucht Lösungswege und fordert aktives Handeln zum Schutz der Umwelt ein. Die YEP-Initiative startete 2003, das erste Jugendumweltparlament tagte schon ein Jahr später in Berlin anlässlich des 2. Internationalen PRO-EUROPE-Recycling-kongresses. Schüler im Alter von 15 bis 17 Jahren können am YEP teilnehmen und arbeiten national wie auch länderübergreifend an Umweltprojekten. In Deutschland haben 2005/2006 zwei Kölner Gymnasien teilgenommen. DSD hat diese Schulen aufgrund ihres Umweltengagements ausgewählt und den beteiligten Schülern ermöglicht, ihre Projektaufgaben außerhalb des schulischen Umfeldes in verschiedenen Workshops voranzubringen, eigene Stärken zu entdecken und weiterzuentwickeln.

Facts & Figures

Der Grüne Punkt – Duales System Deutschland GmbH
Gründung: 1990
Branche: Entsorgung, Rücknahmesysteme
Umsatz (2006): 1,15 Mrd. Euro
Mitarbeiter: 306
Standort: Köln

Auszeichnungen

2007: Marke des Jahrhunderts (Der Grüne Punkt)

Internetlink

www.gruener-punkt.de

Fraport

Innovationstreiber Konzernidentität

„Eine starke Konzernidentität gibt Orientierung und Sicherheit. Sie ist ein maßgeblicher Innovationstreiber."

Dr. Wilhelm Bender, Vorstandsvorsitzender, und Herbert Mai, Arbeitsdirektor, Fraport AG

Noch Anfang der 90er Jahre bestand der Fraport-Konzern lediglich aus einem Mutterhaus und einer bereits 1971 gegründeten Gesellschaft für Flughafenwerbung. Der Konzern hatte 11.000 Mitarbeiter an nur einem Standort, Frankfurt am Main. Heute umfasst der Konzern mehr als 90 Tochter- und Beteiligungsgesellschaften mit weltweit 30.000 Beschäftigten.

In dem hochdynamischen Wettbewerbsumfeld des Weltluftverkehrs wird der Flughafen Frankfurt als internationale Megadrehscheibe nur bestehen, wenn er die Erwartungen der Kunden – Fluglinien wie Passagiere – dauerhaft besser erfüllt als seine Konkurrenten: kürzere Umsteigzeiten, mehr Anschlussverbindungen, bessere Servicequalität, bessere Einkaufsmöglichkeiten, höchste Sicherheit.

Um den heutigen Vorsprung vor den Wettbewerbern zu sichern, sind kontinuierliche Produkt- und Prozessinnovationen unerlässlich. Um nur ein Beispiel zu nennen, verkürzte eine Neugestaltung der Sicherheitskontrollstellen die Abfertigungszeiten für Passagiere um 15%. Hinter dieser und vielen anderen kleinen – und manchen großen – Neuerungen steht immer ein Faktor: der Mensch, die Mitarbeiter des Fraport-Konzerns. Ihre Innovationskraft und -bereitschaft sind unentbehrlich für den Erfolg von morgen.

Konzernidentität als Orientierung

Der Fraport-Vorstand ist davon überzeugt, dass in der sich schnell wandelnden Branche „Luftverkehr" eine starke Konzernidentität dazu beiträgt, Orientierung zu vermitteln, und so die Mitarbeiter dazu ermutigt, neue Wege einzuschlagen.

Für die Ausbildung einer stabilen Unternehmenskultur erfüllt die Konzernmutter, die Fraport AG, zwei wichtige Voraussetzungen: Die Betriebszugehörigkeiten sind lang, die Fluktuation ist niedrig. Zwei Stichworte fallen immer wieder, wenn man die Mitarbeiter nach dem Wesen der Fraport AG fragt: die Entscheidungsfindung im Konsens und das Selbstverständnis als soziales Unternehmen. In den Tochterunternehmen erhält man andere Antworten. Kurze Entscheidungswege, schnelle Entscheidungen und schlanke Strukturen werden genannt. Doch bei der Frage nach dem Wesen einer konzernweiten Identität kommen die Antworten sowohl in der Mutter, wie auch in den Tochtergesellschaften nur zögernd. Das Wachstum des Konzerns in den vergangenen Jahren war so rasant, dass er im Bewusstsein vieler Beschäftigter noch nicht über eine eigene Identität verfügt.

Best Practice: eine neue Identität

Das zukünftige Selbstverständnis des Fraport-Konzerns kann nicht am Reißbrett entworfen werden. Es entsteht hauptsächlich durch viele kleine Gesten und Entscheidungen an jedem Tag. Gleichwohl kommt zwei Disziplinen in diesem Prozess eine besondere Aufgabe zu: dem Corporate Behavior und der Corporate Communication.

Podiumsdiskussion: Wie wird sich die Airline-Industrie entwickeln?

Konzernweit sind zwischenzeitlich einheitliche Standards für personalpolitische Fragestellungen implementiert worden. Die Ergebnisse konzernweiter Mitarbeiterbefragungen geben überdies wichtige Hinweise auf spezifische Handlungsnotwendigkeiten. So entsteht jetzt eine starke Führungsmannschaft, die ein gemeinsames Verständnis von Fraport-Werten und Fraport-Führungshandeln verbindet.

Die Konzernkommunikation ist damit beauftragt, die Vermittlung eines einheitlichen Images nach innen wie nach außen sicherzustellen. Dabei kommt es in der internen Kommunikation darauf an, die strategische Ausrichtung des Konzerns sowie die aktuellen geschäftspolitischen Herausforderungen zu vermitteln, so dass Management und Mannschaft – unabhängig von ihrem Einsatzort innerhalb der Fraport-Gruppe – an einem Strang ziehen. Ein erfolgreiches Instrument, das zu diesem Zweck zum Einsatz kommt, ist der Fraport CorporateXChange, das halbjährliche Treffen des Topmanagements der Unternehmensgruppe. Dazu kommt das GalaxyNet, das konzernweite Extranet, das es jeder Mitarbeiterin und jedem Mitarbeiter weltweit ermöglicht, sich unmittelbar über aktuelle Konzernentwicklungen zu informieren. Als nächster Schritt ist die Einführung eines konzernweiten Mitarbeitermagazins geplant, das noch mehr Raum für die Information über strategische Entscheidungen bieten wird.

Fazit: Die Gesamtheit der Maßnahmen unterstützt die Entstehung einer starken Identität der Fraport-Gruppe und leistet somit einen wichtigen Beitrag zur Sicherung der Innovationskraft des Konzerns – damit Fraport auch morgen noch in der Liga der fünf größten Flughafenbetreiber der Welt mitspielt. ▪

Facts & Figures

Fraport AG
Gründung: 1947
Branche: Flughäfen
Umsatz (2006):
2,14 Mrd. Euro
Mitarbeiter: 28.246
Standort: Frankfurt am Main

Auszeichnungen

2007: Grundzertifikat zum audit berufundfamilie

2007: Vorbildliches „Betriebliches Eingliederungsmanagement", (Landeswohlfahrtsverband Hessen und Vereinigung der Hessischen Unternehmensverbände)

2007: Auszeichnung als „Bester europäischer Cargo-Airport" (Leser des Frachtmagazins Air Cargo World)

Internetlinks

www.fraport.de
www.airportcity-frankfurt.de
www.ausbau.fraport.de
www.aktivfuerdieregion.fraport.de

Geneart

Dienstleistung für innovative Biotherapeutika und Bioprodukte

„Der Schlüssel für unsere internationale Marktführerschaft liegt in der stetigen Weiterentwicklung unserer Technologie und unseres Serviceportfolios, um auch für komplexe Kundenprojekte eine geeignete Lösung in kurzer Zeit anbieten zu können."

Prof. Dr. Ralf Wagner, CEO/CSO, Geneart AG

Die Geneart AG ist ein Biotechnologieunternehmen, das 1999 gegründet wurde und sich innerhalb kürzester Zeit zum Weltmarktführer bei der Herstellung synthetischer Gene und zum Spezialisten in der synthetischen Biologie entwickelt hat. Das Unternehmen rechnet mit einem Umsatzwachstum von 7,75 Mio. (2006) auf 12,5 bis 14 Mio. Euro im laufenden Geschäftsjahr.

Das Unternehmen stellt Schlüsseltechnologien für die Entwicklung und Herstellung neuer Therapeutika und Impfstoffe sowie zur Verbesserung von Enzymen für chemische Prozesse (z.B. in Waschmitteln) oder zur Konstruktion von Bakterien (Kunststoff, Erdöl etc.) bereit. Heute nutzen alle Top-20-Pharmaunternehmen, eine Vielzahl internationaler Biotechnologieunternehmen und renommierte Forschungseinrichtungen das Serviceportfolio von Geneart.

Neue Wege für die Forschung

Geneart eröffnet Forschern aus Industrie und Wissenschaft den schnellen und kostengünstigen Zugang zu einer bisher nicht darstellbaren biologischen Vielfalt: Mit der dafür entwickelten Software lassen sich Gensequenzen, die Baupläne des Lebens, wie Bilder in Photoshop gezielt verändern und speziell für den späteren Anwendungszweck optimieren. Diese neuartigen am Computer entwickelten Gensequenzen werden anschließend von dem Unternehmen synthetisiert. Damit müssen sich Forscher und Produktentwickler z.B. bei der Suche nach neuen Medikamenten nicht mehr auf die begrenzte Vielfalt der Natur verlassen bzw. aufwendig verändern, sondern erhalten über die Geneart-Dienstleistung schnellen Zugang zu jedem Medikamentenkandidaten.

Die in enger Zusammenarbeit mit dem Kunden entwickelten und produzierten synthetischen Gene und Genbibliotheken erlauben es, die Wirksamkeit von Medikamenten sowie Bioprodukten zu erhöhen, vollkommen neue Impfstoffe oder Therapeutika zu entwickeln, Einsparpotentiale bei der Produktion zu realisieren und Entwicklungszeiten (Time-to-Market-Intervalle) zu verkürzen.

Die Vorteile lassen sich exemplarisch an der traditionellen Entwicklung eines Impfstoffs darstellen. In der Vergangenheit mussten

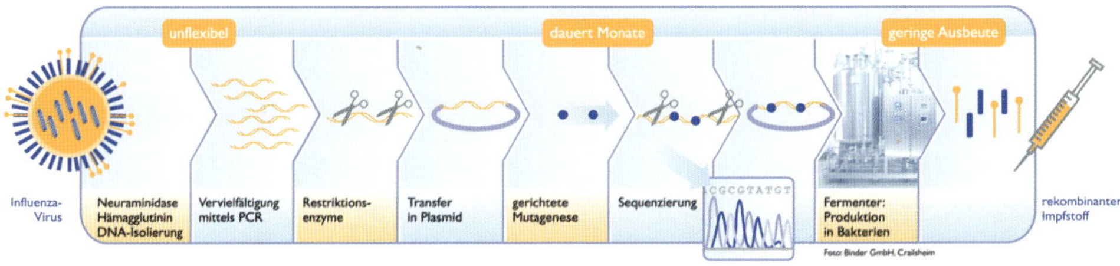

Traditionelle Impfstoffentwicklung

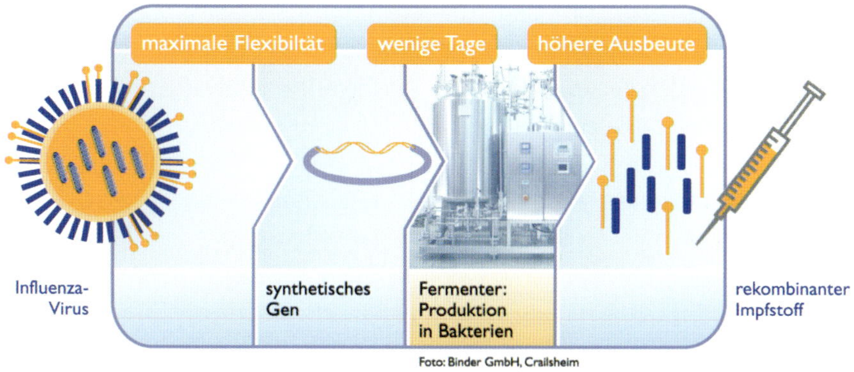

Impfstoffentwicklung mit Hilfe synthetischer Gene

Forscher aufwendig das Gen eines Virus zur Produktion des Impfstoffes (Virusantigen) isolieren. Zur Durchführung der einzelnen Arbeitsschritte waren Monate notwendig. Zusätzlich existierte ein hohes Risiko, dass bei Einsatz eines natürlichen Virusgens zur Produktion des Impfstoffes nur niedrige Produktionsraten gegenüber hohen -kosten erzielt werden konnten.

Flexibilität beim Produktdesign

Durch Einsatz der Gensynthese kann heute ein Gen zur Produktion eines Impfstoffes innerhalb von wenigen Tagen hergestellt werden. Neben einer verkürzten Entwicklungszeit eröffnet die Neusynthese Geneart-Kunden maximale Flexibilität bei dem Design des Impfstoffes. So können z.B. Modifikationen zur Erhöhung der Wirksamkeit oder zur Berücksichtigung sicherheitsrelevanter Aspekte bei der Medikamentenentwicklung eingefügt werden. Zusätzlich passt Geneart auf Wunsch die Gensequenz durch die inhouse entwickelte Gene-Optimizer-Software an das verwendete Produktionssystem an. Der Kunde profitiert von dieser Dienstleistung direkt durch höhere Produktionsraten und verringerte Kosten.

Best Practice: Produktionsprozess

Zur Produktion der kundenspezifischen Gensequenzen wurde der GeneAssembler-Produktionsprozess entwickelt, der eine Synthese dieser Maßanfertigungen wie am Fließband ermöglicht. Durch eine jährliche Verdoppelung der Kapazitäten bei Nutzung von Skaleneffekten sowie gleichzeitiger Miniaturisierung und Automatisierung der Produktionstechnologie ist es Geneart gelungen, die Produktionskosten stark zu senken. Durch das strategische Preismanagement konnte im Rahmen der profitablen Wachstumsstrategie die Anzahl der Wettbewerber von 30 im Jahr 2000 auf heute ca. acht reduziert werden. Geneart erwartet, als Weltmarktführer von dem entstehenden Oligopol überproportional zu profitieren.

Facts & Figures

Geneart AG
Gründung: 1999
Branche: Biotechnologie
Dienstleistungen/Produkte:
Optimierung & Produktion synthetischer Gene sowie Herstellung von Genbibliotheken und DNA-basierten Wirkstoffen
Umsatz (2006):
7,75 Mio. Euro
Mitarbeiter: ca. 140
Standorte:
Regensburg/Deutschland und Toronto/Kanada

Auszeichnungen

2007: Bayerns Best 50
2006: Gesamtsieger STEP-Award und Sieger Kat. „Prozesse"
2006: Deloitte Technology Fast 500 EMEA Award und Deloitte Technology Fast 50 Award
2003: Bayerischer Gründerpreis

Internetlink

www.geneart.com

GRG Services Group

Qualität durch fest definierte Leistungsstandards

„Unser Erfolg beruht auf der Bereitschaft unserer Mitarbeiter, Tag für Tag Spitzenleistungen zu erbringen. Nur so können wir als serviceorientierter Dienstleister unsere Kunden begeistern und unsere Zukunftsfähigkeit sicherstellen."

Heiko Schwarz, Geschäftsführender Gesellschafter, GRG Services Group

Die GRG Services Group ist ein expandierendes Dienstleistungsunternehmen im Bereich Gebäudereinigung und infrastrukturelle Dienste. An den drei Standorten Berlin, Hamburg und München verbindet sie jahrzehntelange Erfahrung mit dem Know-how eines modernen Dienstleisters.

Das Kerngeschäft des Familienunternehmens umfasst neben der klassischen Unterhalts-, Glas- und Fassadenreinigung auch Leistungen in reinigungssensiblen Bereichen, wie Laboren und Krankenhäusern, in denen spezielle Expertisen erforderlich sind. Einen weiteren Schwerpunkt innerhalb des Portfolios bilden Serviceleistungen auf dem Hotelsektor sowie Konferenz-, Empfangs- und Telefondienste. Die GRG konzentriert sich auf anspruchsvolle Kunden, die sich durch ein hohes Qualitätsbewusstsein und entsprechende Leistungsanforderungen an ihren Dienstleister auszeichnen.

Lange Betriebszugehörigkeit

Voraussetzung für die Umsetzung exzellenter Leistungen sind kompetente und motivierte Mitarbeiter. So zeichnen sich die mehr als 2.700 Mitarbeiter der GRG Services Group durch ein besonderes Maß an Zuverlässigkeit und Flexibilität sowie die Bereitschaft mitzudenken und Verantwortung zu übernehmen, aus. Dass nur zufriedene Mitarbeiter gute Mitarbeiter sind, ist allgemein bekannt. Deshalb ist die im Branchenvergleich überdurchschnittlich lange Betriebszugehörigkeit als Indiz für eine hohe Zufriedenheit ganz besonders erfreulich.

Mitarbeiterin beim Datenabgleich unter Einsatz von RFID-Technologie

Qualitätsmanagement

Das Thema Qualität nimmt seit jeher eine herausragende Stellung innerhalb der Firmenphilosophie ein: Bereits im Jahr 1995 hat sich die GRG als erstes Gebäudereinigungsunternehmen in Berlin und Hamburg ISO-zertifizieren lassen. Seither wird das umfassende Qualitätsmanagement, basierend auf dem europäischen QM-Modell EFQM, konsequent weiter entwickelt.

Mitarbeiter bei der Bodenreinigung

Kompetenter Nachwuchs

Um auch jungen Menschen einen chancenreichen Start in ihr Berufsleben zu ermöglichen und kompetenten Nachwuchs zu gewinnen, bildet die GRG seit Jahrzehnten zum Gebäudereiniger und zur Gebäudereinigerin sowie zur Bürokauffrau und zum Bürokaufmann aus. Momentan absolvieren 68 junge Menschen ihre Ausbildung im Unternehmen.

Best Practice: „ServicePilot“

Das Herzstück jeder Qualitätssicherung sind fest definierte Leistungsstandards als Voraussetzung für Reproduzierbarkeit und Kontrolle der Leistung. Die Schwierigkeit bei der Entwicklung von Qualitätsmaßstäben in der Reinigung besteht in der Messbarkeit von Qualität bzw. Sauberkeit.

Mit dem „ServicePilot" ist es der GRG gelungen, eine innovative Antwort auf diese Herausforderung zu finden: Ein aufeinander abgestimmtes Soft- und Hardwarepaket ermöglicht mittels RFID-Technologie sowohl die flexible Steuerung von Arbeitsaufträgen als auch eine lückenlose Dokumentation erbrachter Leistungen. Dafür wird das individuelle Leistungsverzeichnis des Kunden auf einem zentralen Webserver hinterlegt, so dass es für jede mit einem PDA-Gerät ausgestattete Reinigungskraft überall abrufbar ist. Zur Identifizierung der einzelnen Räume beim Kunden werden diese mit einem RFID-Chip ausgestattet. Nach Verlassen des Raumes wird die erbrachte Leistung auf dem Webserver protokolliert und steht dem Kunden über ein Login auf der GRG-Internetseite in Echtzeit zur Verfügung. Die Datenübermittlung erfolgt mittels GPRS.

Im vergangen Jahr wurde diese Entwicklung im Rahmen der Fachmesse „ITProfits 2006" mit dem „Best-Practice-Award 2006" ausgezeichnet.

Facts & Figures

GRG Services Group
Gründung: 1920
Branche: Gebäudereinigung
Dienstleistungen/Produkte: Dienstleistungen im Bereich Gebäudereinigung, infrastrukturelles Gebäudemanagement.
Umsatz (2006): 45 Mio. Euro
Mitarbeiter: 2.700
Standorte: Berlin, Hamburg, München

Auszeichnungen

2006: Qualitätspreis Berlin-Brandenburg, Auszeichnung im Rahmen des Ludwig-Erhard-Preises
2004: Auszeichnung im Rahmen des Qualitätspreises Berlin-Brandenburg
1999: ASU-Umweltpreis

Internetlink

www.grg.de

Hofmann Personal Leasing

Flexible Personalpolitik durch On-Site-Management

„Sich messen mit den Besten bedeutet Innovation."

Ingrid Hofmann, Geschäftsführerin, I. K. Hofmann GmbH

Hofmann Personal Leasing gehört zu den größten Zeitarbeitsunternehmen Deutschlands. Es wurde von Ingrid Hofmann in Nürnberg gegründet, die nach wie vor als alleinige Gesellschafterin das Unternehmen führt. Im Rückblick auch auf die Jahre als Angestellte ab 1974 gehört sie damit zu den Pionieren in der Zeitarbeit, deren Dienstleistung sich inzwischen zu einem der wichtigsten Flexibilisierungsinstrumente unternehmerischer Personalpolitik entwickelt hat.

Know-how-Vermittlung auf Zeit

Die Kernkompetenzen von Hofmann Personal Leasing sind Arbeitnehmerüberlassung, On-Site-Management, Ingenieurdienstleistungen, Personalvermittlung, Outsourcing bzw. Projektmanagement sowie Management auf Zeit und Outplacementberatung.

Die bei Hofmann Personal Leasing fest angestellten Zeitarbeitmitarbeiter unterschiedlichster Berufsgruppen stellen ihre Arbeitskraft und ihr Know-how nicht dem Zeitarbeitsunternehmen selbst, sondern den jeweiligen Kundenunternehmen für eine abgesprochene Zeit zur Verfügung (als Urlaubs- und Krankheitsvertretung, für kurz- oder langfristige Projekte sowie zur Entlastung der Stammbelegschaft bei Auftragsspitzen). Für die Zeitarbeitmitarbeiter gilt ein seit 2004 gültiger Tarifvertrag, der zwischen dem Deutschen Gewerkschaftsbund (DGB) und dem Bundesverband Zeitarbeit Personaldienstleistungen e.V. (BZA) abgeschlossen wurde.

Weiterempfehlung als Basis

Die Geschäftsführerin vertraute und vertraut auch heute noch auf „Wachstum durch Weiterempfehlung", was eine entsprechende Qualität der Dienstleistung voraussetzt. Um diese auch zukünftig zu sichern, richtet sich das Unternehmen konsequent am Business-Excellence-Modell aus. Management-, Wertschöpfungs- und Unterstützungsprozesse wurden eindeutig für das Unternehmen definiert. Strukturen, Arbeitsabläufe und die Qualifizierung der Mitarbeiter werden laufend daran angepasst, um dem Kunden eine hochwertige Dienstleistung und dem Mitarbeiter einen attraktiven Arbeitsplatz bieten zu können.

Mitarbeiterschulung

Schon der Einstieg bei Hofmann Personal Leasing ist innovativ. Jeder neue interne Mitarbeiter wird in der eigenen Hofmann-Akademie zunächst zwei Wochen lang intensiv geschult. Es gibt eine Kernkompetenz- und

Voneinander lernen: Hofmann-Akademie

eine Expertenschulung, die beide ausschließlich von Hofmann-Mitarbeitern durchgeführt werden, die aus ihrer täglichen Praxis heraus ihr jeweiliges Fachwissen an die neuen Kollegen weitergeben. So geht das Wissens- und Erfahrungspotential des Unternehmens nicht verloren, sondern wird optimal genutzt. In der anschließenden Beurteilung können die neuen Mitarbeiter sogleich ihre ersten Verbesserungsvorschläge einreichen. Gerade diese Anregungen werden gerne aufgenommen, da sich noch keine „Betriebsblindheit" eingeschlichen hat.

Reibungslose Prozesse

Eine qualitätsbewusste Auftragsabwicklung bei den Kunden funktioniert nicht ohne klar definierte interne Prozesse, Mitarbeiterentwicklung und eine damit verbundene umfassende Informationspolitik. Grundlage ist auch hier das Business-Excellence-Modell. Bestandteile sind beispielsweise Mitarbeiterbefragungen, Zielvereinbarungen mit den Mitarbeitern, Fortbildungen, individuelle Arbeitsplatzlösungen für Mütter und Väter, umfassende Schulungen im Sicherheits-, Gesundheits- und Arbeitsschutz, ein lebendes Intranet, Mitarbeiterzeitung oder die Teilnahme am audit berufundfamilie, dessen Grundzertifikat das Unternehmen bereits erhielt.

Best Practice: On-Site-Management

Die Dienstleistung On-Site-Management zählt sicherlich zu den innovativsten Aufgabenfeldern des Unternehmens, da sie mit hohen Ansprüchen verbunden ist. Hier hat Hofmann Personal Leasing sein Büro direkt im Hause des Kundenunternehmens. In diesem Fall suchen Firmen nicht mehr nur den einzelnen Zeitarbeitmitarbeiter, sondern benötigen Lösungen für komplexe Aufgabenstellungen innerhalb ihrer Personalpolitik. Dafür ist es notwendig, Ziele klar zu definieren, die passenden Methoden und Umsetzungsmöglichkeiten für das jeweilige Kundenunternehmen zu entwickeln und entsprechende Ressourcen bereitzustellen.

Besonderes Augenmerk wird hierbei auf die Transparenz der Arbeitsabläufe innerhalb eines Projekts gelegt. Ein Kundenunternehmen muss jederzeit nachvollziehen können, warum welche Entscheidungen getroffen werden, welcher Arbeitsaufwand damit verbunden ist, welches Teilziel damit erreicht wird etc. Auch sollten wenig Schnittstellen existieren, um einen schnellen Informationsfluss garantieren zu können. Gleichzeitig führt eine ausführliche Dokumentation dazu, dass eine Fehlentwicklung schnell erkannt und korrigiert werden kann. Die Projekte werden zudem so definiert, dass veränderte Aufgabenstellungen problemlos mit einbezogen werden können. Umgesetzt werden diese umfassenden Projekte vorrangig bei Kunden der Automobilindustrie. ▪

Facts & Figures

I.K. Hofmann GmbH
Gründung : 1985
Branche: Zeitarbeit/Personalvermittlung
Dienstleistungen/Produkte:
Personalleasing, On-Site-Management, Ingenieurdienstleistungen, Personalvermittlung, Outsourcing bzw. Projektmanagement sowie Management auf Zeit und Outplacement
Umsatz (2006): 222 Mio. Euro
Mitarbeiter: ca. 10.000
Standorte: ca. 70 in Deutschland, Hauptsitz in Nürnberg;
Tochterunternehmen:
Österreich, England, Tschechien

Auszeichnungen

2007: Bundesverdienstorden für Ingrid Hofmann
2006: Bayerns Best 50 und Staatsmedaille für besondere Verdienste um die bayerische Wirtschaft
2006: Europe's 500
2005: Bayerischer Qualitätspreis und Nürnberger Nachhaltigkeitspreis

Internetlink

www.hofmann.info

IDS Scheer

Mit Innovationsgeist zum Marktführer für Geschäftsprozessmanagement

„Der Innovationsschwerpunkt liegt weniger in der Entwicklung neuer Software-Features, sondern vielmehr in der besten Kombination aus Beratung und Softwareprodukt."

Prof. Dr. Dr. h.c. mult. August-Wilhelm Scheer, Firmengründer, Aufsichtsratsvorsitzender und Chief Technology Advisor, IDS Scheer AG

Das Software- und Beratungshaus IDS Scheer wurde 1984 von Prof. Dr. Dr. h.c. mult. August-Wilhelm Scheer als Spin-off seines Forschungsinstitutes an der Universität des Saarlandes gegründet und hat sich bis heute zu einem Unternehmen entwickelt, das derzeit ca. 6.000 Kunden in über 70 Ländern rund um das Thema Geschäftsprozessmanagement betreut.

Effektives Prozessmanagement

Dabei werden die Prozesse von Kunden verschiedenster Branchen effizient und kostengünstig gestaltet, das heißt deren interne Abläufe sowie ihre Zusammenarbeit mit Lieferanten und Kunden. Damit stellt IDS Scheer als international einziges Unternehmen Software und Beratung für alle Aspekte des Geschäftsprozessmanagements aus einer Hand zur Verfügung.

Der ständige Wandel in Business und Technologie stellt heute eine der wenigen „Konstanten" in einer vernetzten Welt dar. Mehr denn je entscheiden Prozesse über Wettbewerbsfähigkeit und Profitabilität im Markt. Sie sind die Grundlagen für mehr Wirtschaftlichkeit, Transparenz und Innovation – und somit für den Erfolg eines Unternehmens.

Mit der „ARIS Platform for Process Excellence" bietet IDS Scheer ein integriertes und vollständiges Softwareportfolio für Strategie, Design, Implementierung und Controlling von Geschäftsprozessen. Eine strategische Partnerschaft mit SAP macht die ARIS-Software und -Methoden zum Standard der NetWeaver-Plattform und ermöglicht damit erstmals operative Anwendungssoftware und Prozessmanagement aus einem Guss. Weitere Kooperationen mit Oracle, Microsoft und Tibco sowie die Zusammenarbeit mit Fujitsu-Siemens, IBM und BEA machen ARIS weltweit zum Prozessstandard für die softwaregestützte Ausführung von Arbeitsabläufen. Das innovative Konzept von „ARIS Open BPM" erlaubt es Unternehmen, das Wissen über ihre Prozesse in der ARIS-Software zu managen und in verschiedene Ausführungsumgebungen zu übertragen. Damit werden technologieunabhängige „Knowledge-Assets" geschaffen und ein effizientes und effektives Prozessmanagement langfristig sichergestellt.

Ganzheitlicher Ansatz

IDS Scheer deckt das gesamte Spektrum der IT-Beratung ab. Topthemen sind neben Supply-Chain-Management und Enterprise-Management das Geschäftsprozess-Engineering, das Product-Lifecycle-Management sowie Managed Services.

Mit dem integrierten Ansatz des ARIS Value Engineering (AVE) betrachten die Berater von IDS Scheer die Unternehmen ihrer Kunden ganzheitlich. AVE bedeutet, Brücken zu bauen zwischen der Unternehmensstrategie, den daraus resultierenden Prozessen, den zur Unterstützung notwendigen IT-Lösungen und der Kontrolle des laufenden Betriebs. Davon profitieren große Unternehmen, aber auch Mittelständler. Für kleine und mittlere Unternehmen bietet IDS

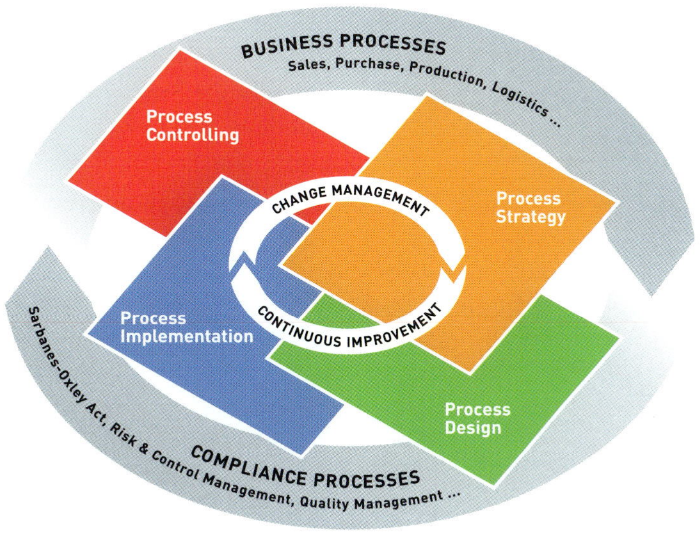

ARIS: Software für ganzheitliches Geschäftsprozessmanagement

Scheer mit „ARIS SmartPath" eine spezielle Lösung an.

Die ARIS-Software wird von internationalen Unternehmen wie British Telecom, DaimlerChrysler, Deutsche Bank, Nestlé oder Siemens, aber auch von mittelständischen Firmen und dem öffentlichen Sektor zur Optimierung der Geschäftsabläufe eingesetzt. Dass das Produkt weltweit zu der führenden Software im Bereich Geschäftsprozessmanagement zählt, beweisen auch jüngste Bewertungen des Fraunhofer-Instituts (IAO) oder der Gartner Group.

Best Practice: Innovativer Braintrust

Das Thema Innovation steht bei IDS Scheer ganz oben auf der Agenda. Unter anderem auch mit dem Ziel, die Führungsposition weiter auszubauen. Als jüngste Initiative wurde im Juni 2007 der Start eines Innovations- und Bildungsnetzwerks bekanntgegeben. Ziel dieses Braintrusts mit zehn Forschungseinrichtungen aus vier Kontinenten ist der Aufbau eines Netzwerks, um einen konstanten Ideenaustausch in Bezug auf Innovationen sowie zur Unterstützung von Bildungsinitiativen im BPM-Bereich zu fördern.

Das Innovations-und Bildungsnetzwerk ist als virtuelle Organisation Teil des Innovationsprozesses von IDS Scheer. Kerninnovationsthemen sind „Web 2.0", „Virtual Worlds", „Intelligent Content", „Management of Knowledge-intensive Processes" und „Mobile BPM-Applications".

Facts & Figures

IDS Scheer AG
Gründung: 1984
Branche: Software
Dienstleistungen/Produkte: ARIS Toolset, ARIS Business Architect, ARIS Auditmanager, ARIS Business Publisher
Umsatz (2006): 364 Mio. Euro
Mitarbeiter: 2.800
Standorte: in mehr als 70 Ländern; Hauptsitz Saarbrücken

Auszeichnungen

2005: Bundesverdienstkreuz für Prof. Scheer
2004: Helpdesk Award
2003: Prof. Scheer wird Entrepreneur des Jahres (Kategorie: Informationstechnologie)
2003: Philip Morris Forschungspreis für Prof. Scheer

Internetlinks

www.ids-scheer.de
www.ids-scheer.com

Infraserv Höchst

Kundenwünsche exakt erfüllen

„Effizienzsteigerung gehört zu den permanenten Zielen der Infraserv-Gruppe. Seit zwei Jahren leiten wir erfolgreich den Kulturwandel bei Infraserv Höchst mit dem Effizienzsteigerungsprogramm Six Sigma ein.“

Jürgen Vormann und Dr. Roland Mohr, Geschäftsführer, Infraserv GmbH & Co. Höchst KG

Die Standortbetreibergesellschaft Infraserv Höchst betreibt im Industriepark Höchst (Frankfurt am Main) anspruchsvolle technische Infrastrukturen für Chemie, Pharma und verwandte Prozessindustrien. Seit nunmehr zehn Jahren versorgt die Gesellschaft die dort ansässigen Unternehmen mit Energien und Medien, übernimmt Entsorgungsleistungen und stellt Flächen sowie Infrastrukturen zur Verfügung. Das Leistungsspektrum reicht von Umwelt-, Schutz- und Sicherheitsleistungen über Angebote aus dem Gesundheitsbereich bis hin zu Kommunikations- und Informationstechnologieservices.

Mittlerweile sind dort 90 Unternehmen aus den Bereichen Pharma, Biotechnologie, Basis- und Spezialitätenchemie, Pflanzenschutz, Lebensmittelzusatzstoffe und Dienstleistungen tätig. Rund 22.000 Menschen arbeiten im Industriepark.

Energiekosten als Erfolgsfaktor

Aufgabe einer Betreibergesellschaft ist es, ihren Kunden optimale Rahmenbedingungen für ihre Forschung, Entwicklung und Produktion zur Verfügung zu stellen. Ein entscheidender Produktionsfaktor sind die Energiekosten. Infraserv Höchst plant daher für seine Kunden im Industriepark Höchst den Bau einer Ersatzbrennstoffanlage mit zirkulierender Wirbelschicht. Mit einem Projektbudget von rund 300 Millionen Euro ist das die größte Einzelinvestition, die bisher im Industriepark Höchst getätigt wurde. Ende 2008 soll die Anlage in Betrieb genommen werden. Die neue Anlage wird Strom und Dampf erzeugen mit der Verbrennung sogenannter Ersatzbrennstoffe; das sind die heizwertreichen Bestandteile von Haus- und Gewerbemüll, die seit 2005 nicht mehr deponiert werden dürfen und thermisch verwertet werden sollen. Auf diese Art und Weise verbessert der Standortbetreiber den Energiemix am Standort, schafft zusätzliche Redundanzen in der Energieversorgung und bietet seinen Standortkunden Strom und Dampf zu wettbewerbsfähigen Konditionen.

„Der Bau der Anlage ist ein zentraler Bestandteil unseres ganzheitlichen Energiekonzeptes für den Industriepark Höchst“, erklärt Dr. Roland Mohr, Geschäftsführer von Infraserv Höchst. „Wir wollen unsere eigenen Energieerzeugungskapazitäten ausbauen, um im Interesse unserer Standortkunden unabhängiger von den Entwicklungen auf dem Energiemarkt zu werden.“ Dabei setzt Infraserv Höchst auf ressourcenschonende und kosteneffiziente Produktionsanlagen. „Auf diese Weise können wir unseren Kunden langfristig Energie zu international wettbewerbsfähigen Preisen bereitstellen“, so Dr. Mohr. So hat der Standortbetreiber im Juli 2007 eine neue Biogasanlage in Betrieb genommen, die aus Klärschlamm und organischen Abfällen zukünftig täglich rund 30.000 Kubikmeter Biogas produzieren wird.

Infraserv Höchst engagiert sich seit Jahren für die Nutzung umweltschonender und erneuerbarer Energien. Die Weiterentwicklung der Wasserstoff- und Brennstoffzellentechnologie wird aktiv unterstützt, unter anderem durch die federführende Beteiligung an dem EU-Projekt „Zero Regio", in dessen Rahmen im vergangenen Jahr eine Wasserstofftankstelle am Industriepark eröffnet wurde.

Neben der Entwicklung technologischer Innovationen ist Infraserv Höchst auch permanent dabei, die Mitarbeiter für Prozesse und Effizienz im eigenen Unternehmen zu sensibilisieren.

Best Practice: Six Sigma

Vor rund zwei Jahren hat Infraserv Höchst einen Kulturwandel im Unternehmen eingeleitet. Erklärtes Ziel war und ist die Steigerung der Effizienz. Der Weg dahin heißt: Six Sigma – ein Effizienzsteigerungsprogramm nach amerikanischem Vorbild aus der produzierenden Industrie.

In allen Unternehmensbereichen sollen die Prozesse langfristig effizienter und kostengünstiger gestaltet werden. Der Blick für die effiziente Umsetzung von Projekten und für das exakte Erfüllen der Kundenbedürfnisse soll bei jedem Mitarbeiter geschärft werden. Six Sigma bezeichnet ein auf statistischen Methoden basierendes Qualitäts- und Effizienzsteigerungsprogramm. Es kann zur Verbesserung jeder Art von Geschäftsprozessen angewendet werden. Vereinfacht gesagt, hat es die Aufgabe, das Null-Fehler-Ziel zu erreichen. Als statistische Größe „Sigma", die die Streuung eines Prozesses beschreibt, steht „Six Sigma" für das Ziel, einen Prozess in Bezug auf die Kundenspezifikation so gut zu betreiben, dass in einer Million Produkten oder Prozessen nur maximal drei Fehler auftreten. Das Zwischenergebnis kann sich sehen lassen: Zum Jahresende 2006 sind insgesamt 51 Six-Sigma-Projekte abgeschlossen worden mit einem nachgewiesenen Gesamtnutzen von 2,5 Mio. Euro; davon 33 ergebnissteigernde Projekte mit einem Volumen von 1,25 Mio. Euro.

Informationskampagne zu Six Sigma

Anders als bei den üblichen Ideenprogrammen, die die gesamte Belegschaft ansprechen, verfolgt Six Sigma das Ziel, einige, aber dafür hochkarätige Projekte mit hohem Effizienzsteigerungspotential zu identifizieren und erfolgreich umzusetzen. Speziell ausgebildete Projektleiter, sogenannte „Black Belts", und temporär je nach Fachthema besetzte Teams bearbeiten die identifizierten Projekte. Die Herausforderung für Infraserv Höchst besteht darin, dieses erfolgreiche Konzept für einen Dienstleister effizient anzuwenden. Für pragmatische, schnell umsetzbare Verbesserungsvorschläge gibt es nach wie vor das Ideencenter im Sinne eines klassischen betrieblichen Vorschlagswesens.

Facts & Figures

Infraserv GmbH & Co. Höchst KG
Gründung: 1998
Branche: Industriedienstleister
Dienstleistungen/Produkte:
ganzheitlicher Standortbetreiber für Chemie-, Pharma- und Biotechnologie-Industrie sowie energie- und entsorgungsintensive Prozessindustrie
Umsatz (2006): 833 Mio. Euro (Infraserv Höchst-Gruppe)
Mitarbeiter: 2.700 und 219 Auszubildende (Infraserv Höchst-Gruppe)
Investitionen: 50 Mio. Euro

Internetlinks

www.infraserv.com
www.industriepark-hoechst.com

Inosoft
Lean Office sichert Wettbewerbsvorteile

„Durch schlanke Prozesse in der Verwaltung lassen sich deutliche Wettbewerbsvorteile erzielen: Durch den ergänzenden Einsatz von IT-Lösungen wird die Umsetzung dabei sinnvoll unterstützt."

Thomas Winzer,
Vorstand,
Inosoft AG

Die Inosoft AG ist ein innovatives Software- und Beratungsunternehmen. Das Unternehmen entwickelt auf Basis moderner IT-Technologien individuell ausgerichtete Geschäftslösungen. Mit qualifizierter Beratung, individueller Software-Entwicklung und ausgewählten Standardprodukten unterstützt das Unternehmen Firmen, Banken und Behörden bei der Konzeption, Entwicklung und Integration von unternehmensweiten IT-Lösungen. Ziel ist es, dem Kunden die ideale Infrastruktur aufzubauen, die maßgeschneiderte Lösung anzubieten und den anschließenden Betrieb sicherzustellen. So sind Consulting, Implementierung, Entwicklung und Training die wesentlichen Merkmale des Business-Modells. Das Leistungsspektrum reicht von der Abwicklung technischer Aufgaben über professionelles Projektmanagement bis hin zur kompetenten Beratung und Realisierung von Großprojekten.

Zusätzlich bietet die Inosoft eine Vielzahl von Beratungsdienstleistungen rund um die Integration von Internet und Intranet. Ein breites Spektrum praxisnaher Schulungen als ein von Microsoft autorisiertes Trainings Center ergänzt das Angebot.

Die Inosoft berät Kunden wie Aventis Pharma, Deutsche Bank, Heidelberger Druckmaschinen und T-Mobile bei Design und Implementierung innovativer und zukunftsweisender Technologien und Methoden. In den letzten Jahren hat sich das Systemhaus insbesondere als Spezialist für Clientmanagement einen Namen gemacht. Zur primären Zielgruppe gehören Unternehmen ab 500 PC-Arbeitsplätzen.

Der Erfolg der Inosoft beruht auf der erklärten Absicht, immer auf dem neuesten Stand der Informationstechnologie zu sein, um innovative und zukunftssichere Lösungen zu erarbeiten. Die Anforderungen an die Leistungsfähigkeit, Motivation und Flexibilität der Mitarbeiter sind dabei recht hoch. Um Lösungen zu entwickeln, die intelligent komplexe Abläufe handhabbar machen und Daten benutzerorientiert darstellen, sind Freiräume und neue Denkanstöße notwendig.

Die Inosoft Firmenkultur ist daher geprägt durch die optimale und sinnvolle Gestaltung des „Spannungsbogens" zwischen Arbeitszeit und Freizeit: Eine flexible Arbeitszeitregelung auf Vertrauensbasis, Möglichkeiten der freien Nutzung des firmeneigenen Fitnessbereichs mit Geräten, Bolzplatz und Beachvolleyball-Anlage – und zwar nicht nur abends, nach Beendigung der Arbeit – und ein ausgefeiltes Mitarbeiter-Beteiligungsmodell bilden die Basis für den Unternehmenserfolg.

audit berufundfamilie

Mit dem Ziel, Unternehmensinteressen, Kundenwünsche und Mitarbeiterbelange in eine ausgewogene Balance zu bringen, verfolgt die Inosoft eine familienbewusste Personalpolitik, die den Mitarbeitern ermöglicht, ihre berufliche und private Lebensplanung in Einklang bringen zu können:

Dies
... festigt die Motivation der Mitarbeiter
... senkt die Fluktuations- und Krankheitsrate

... sichert den Qualifikationserhalt
... reduziert die Kosten für Personalrekrutierung
... ermöglicht einen flexiblen und multifunktionalen Personaleinsatz
... erhöht die Arbeitsproduktivität und
... stärkt so die Wettbewerbsfähigkeit des Unternehmens

Die Inosoft AG hat sich Anfang 2002 als familienfreundliches Unternehmen auditieren lassen. Das audit berufundfamilie ist ein anerkanntes Managementinstrument zur kontinuierlichen Verbesserung einer innovativen Personalpolitik.

Best Practice: Lean Office

Lean Office sichert Wettbewerbsvorteile durch schlanke Prozesse in der Verwaltung. Automatisierte Geschäftsprozesse sind aus dem Arbeitsalltag kaum noch wegzudenken, allerdings existieren die erforderlichen Formulare häufig nur in Papierform. Deren Bearbeitung ist fehleranfällig, die Weiterverarbeitung aufwendig. So entstehen unkontrollierbare Geschäftsprozesse, die sich nur schwer verwalten bzw. verbessern lassen. Die Folgen: überzogene Budgets, unzufriedene Kunden und unzufriedene Mitarbeiter. Die Inosoft hat in den vergangenen Jahren erste Erfahrungen gesammelt und einige Lean-Management-Methoden aus dem Produktionsumfeld für den Einsatz im Bürobereich angepasst. Alle Abläufe im Unternehmen werden auf ihren Beitrag zur Wertschöpfung hin untersucht und optimiert. Hauptaufgabe ist, einen Prozess in Gang zu setzen, der die Unternehmen bei der Behebung dieser Probleme unterstützt. Der ergänzende Einsatz innovativer IT-Lösungen trägt zur Umsetzung bei. Anhand diverser Beispiele bezüglich Ressourcen- und Zeitmanagement, Projektstundenverfolgung, Projektablage, Aktivitäten entsprechend den Kaizen-Theorien und Verwaltung von Spezialaufgaben verschiedener Einsatzszenarien demonstriert Inosoft bewährte Lean-Office-Lösungen und verdeutlicht ihren Kunden beispielsweise durch die Standardisierung von Arbeitsabläufen, Kostenreduzierungen durch schlanke Prozesse sowie geringere Bearbeitungszeiten die Möglichkeiten einer schlanken Organisation.

Vereinbarkeit von Beruf und Familie – keine Frage des „Entweder-oder"

Facts & Figures

Inosoft AG
Gründung: 1993
Branche: Technologie-Beratung und Software-Entwicklung
Dienstleistungen/Produkte: IT-Beratung, Software-Entwicklung, PC Verwaltungssysteme, Lean Office Systeme, Workflow Systeme, Office Integrated Solutions
Umsatz (2006): 5,2 Mio. Euro
Mitarbeiter: 54

Auszeichnungen

2005: audit berufundfamilie (Bundesfamilienministerium)
2005: Gewinner des Wettbewerbs „Potenzial FrankfurtRheinMain"
2000: Aufnahme in das TOP-Programm (BMWi)

Internetlink

www.inosoft.de

Mainova EnergieDienste

Energiekonzepte sichern Wettbewerbsvorteile

„Wir haben unser Dienstleistungsportfolio nach den Bedürfnissen der Kunden entwickelt, die aus den daraus resultierenden Effizienzsteigerungen und von den verbesserten Prozessen profitieren. Der Dienstleistungsbereich Mainova EnergieDienste ist die konsequente Antwort auf die gestiegenen Ansprüche der Kunden."

Rainer Nauerz und Alexander Schurz, Geschäftsführer, Mainova EnergieDienste GmbH

Seit rund zwei Jahren am Markt, kann Mainova EnergieDienste (MED) auf langjährige Erfahrungen mit aufwendigen Energiekonzepten zurückblicken. Bereits 1990 hatte die damalige Maingas AG, Vorgängerunternehmen der Mainova AG, die Versorgung des neuen Opel-Werks in Eisenach mit Strom, Wärme und Prozessdampf als Komplettleistung realisiert. Das war der Beginn vieler erfolgreicher Contracting-Projekte. Allen gemeinsam: Planung, Realisation und Betriebsführung, oft auch die Finanzierung, werden als Komplettlösung angeboten: Der Kunde kann sich so auf seine Kernkompetenzen konzentrieren. Die weiteren Leistungsangebote reichen vom Energiemanagement mit Analysen und Vorschlägen, um Energiekosten zu reduzieren, über das Technische Facility Management bis hin zur Konzeption und Betriebsführung dezentraler Wärme-Kälte- und sonstiger Energieanlagen.

Kesselmontage für das Marriott/Plaza

Neue Technologien

Die Mainova EnergieDienste bündelt die Kompetenz für ganzheitliche Energiekonzepte. Das Unternehmen setzt sich seit Jahren für die Einführung und die Weiterentwicklung neuer Technologien ein. Dazu zählen Pilotprojekte mit Technologien wie dem Stirling-Motor oder der Einsatz der Microgasturbine. Der Stirling-Motor zählt wohl zu den ältesten Wärmekraftmaschinen, schien in Vergessenheit geraten und erlebt nun in jüngster Zeit eine Renaissance. Er ist umweltschonend und höchst effizient. Das geschlossene System kann nahezu mit jedem Primärenergieträger beheizt werden und Strom erzeugen. Mainova setzt den Stirling-Motor seit Jahren in einer Gasregelstation ein. Die Wärme, die der Stirlingmotor erzeugt wird in das Heizsystem des Mainova Verwaltungsgebäudes in der Solmsstraße eingebracht. Auf diese Weise wird die Wärme effizient genutzt und gleichzeitig Strom erzeugt.

Zur Abdeckung des Grundwärmebedarfs wurde im Frankfurter Panoramabad Bornheim eine der ersten Microgasturbinen in Deutschland in Betrieb genommen. Ziel war es, diese neue KWK-Technologie (KWK = Kraft-Wärme-Kopplung) zu erproben und Erfahrungen zu sammeln. Neben der Wärme erzeugt die Microgasturbine gleichzeitig Strom mit einer elektrischen Leistung von

Modernisierte Energiezentrale

100 kW. Die Technologie bietet die vielfältigen Vorteile der Turbinentechnik im kleinen Leistungsbereich und überzeugt durch die Entlastung von Klima und Umwelt.

Best Practice: Doppelt effizient

Kleine Heizwerke bieten eine hohe Energieausbeute und umweltfreundliche Technik – ohne rauchenden Schornstein. Die MED betreiben derzeit mehr als 60 dezentrale Heizwerke im Rhein-Main-Gebiet. In 90 Metern Höhe beispielsweise erzeugt eine neue Heizzentrale in dem 160 Meter hohen Gebäude Frankfurt Marriott Hotel/Plaza Bürocenter direkt gegenüber dem Messegelände nicht nur Wärme, sondern auch Strom. Betreiber sind die Mainova EnergieDienste. Der Umbau war eine logistische Herausforderung. Während des laufenden Betriebs im Hotel und den 20 Büroetagen wurde die komplette Kesseltechnik des bisherigen Heizwerks mit zwei Warmwasser- und zwei Dampfkesseln modernisiert und durch ein Blockheizkraftwerk (BHKW) ergänzt. Ein Spezialkran hievte mehrere Tonnen schwere Aggregate in luftige Höhen in die 24. Etage des Hochhauses und transportierte Altanlagen ab. Das BHKW erzeugt unter Einsatz von Erdgas gleichzeitig Heizwärme für das 44-geschossige Gebäude und Strom, der in das Netz von Mainova eingespeist wird. Durch diese Kraft-Wärme-Kopplung wird der Brennstoff deutlich besser ausgenutzt als bei reinen Heizanlagen. Das verbessert sowohl die Wirtschaftlichkeit als auch die ökologische Bilanz.

Das Versorgungskonzept der Mainova EnergieDienste konnte sich in einem qualifizierten Auswahlverfahren gegenüber anderen Anbietern durchsetzen: Ausschlaggebend waren die hohen Energie- und Kosteneinsparungen, die das innovative technische Konzept erlaubt. Die Anlage wird fernüberwacht, nur zur Wartung und Kontrolle sind Mitarbeiter vor Ort.

Facts & Figures

Mainova EnergieDienste GmbH
Branche: Energiedienstleistungen und Technisches Facility-Management
Dienstleistungen/Produkte: Energiecontracting, Technisches Facilitymanagement, Energiedienstleistungen, Konzeption und Betriebsführung dezentraler Energie- und Medienerzeugungsanlagen
Mitarbeiter: 125

Internetlink

www.mainova-energiedienste.de

Bankhaus Metzler

Innovatives Pension Management

„Unternehmergeist im Metzler'schen Sinne heißt Bewahrung durch Veränderung. Entscheidender Erfolgsfaktor in der 333-jährigen Geschichte war und ist nicht zuletzt das unternehmerische Engagement unserer Mitarbeiter."

Friedrich von Metzler, Mitglied des Partnerkreises, B. Metzler seel. Sohn & Co. Holding AG

Das Frankfurter Bankhaus B. Metzler seel. Sohn & Co. KGaA ist die älteste deutsche Privatbank im ununterbrochenen Familienbesitz. Seit der Gründung im Jahr 1674 hat sich Metzler zu einer modernen Investment- und Vermögensverwaltungsbank entwickelt. Heute konzentriert sich das Bankhaus bewusst auf die individuelle Beratung von Institutionen und anspruchsvollen Privatkunden in den Kerngeschäftsfeldern Asset Management, Corporate Finance, Equities, Financial Markets und Private Banking.

Unabhängigkeit als Philosophie

Der professionelle Rat in allen Kerngeschäftsfeldern beruht auf speziellem Know-how und auf Unabhängigkeit: Metzler hat seine geschäftspolitische Struktur so ausgerichtet, dass parallel zum Auftrag des Kunden keine anderen Geschäftsinteressen das Handeln bestimmen. Interessenkonflikte werden unter anderem dadurch vermieden, dass Metzler bewusst nicht in Emissionskonsortien vertreten ist, kein Private-Equity-Geschäft betreibt und auf den Eigenhandel in Aktien verzichtet.

Metzler Pension Management

2007 feiert das Bankhaus Metzler seinen 333. Geburtstag. So alt wird nur, wer innovativ bleibt und sich immer wieder neue strategische Geschäftsfelder erschließt. Dazu gehört auch das Metzler Pension Management, in dem seit 2002 das Know-how in Sachen Altersversorgung gebündelt wird.

Mit Metzler Pension Management gehört das Bankhaus zu den Innovationsführern seiner Branche. Kern der Dienstleistungspalette sind Lösungen der betrieblichen Altersversorgung für Unternehmen. Gemeinsam mit den Unternehmen werden Modelle entwickelt, um Mitarbeitern die Vorsorge als Bestandteil einer umfassenden Lebens- und Zukunftsplanung zu ermöglichen.

Das flexible Bausteinkonzept reicht vom Vermögensmanagement über die Beratung in Konzeptfragen bis zum administrativen Rahmen für betriebliche Altersversorgungsprodukte. Zum Beispiel im Rahmen einer überbetrieblichen Treuhandlösung – eines sogenannten Contractual Trust Arrangements (CTA) – also der Auslagerung von Pensionsverpflichtungen eines Unternehmens in eine eigene Treuhandgesellschaft, die die Pensionen verwaltet und deren Vermögen ausschließlich für die Erfüllung der Pensionsverpflichtungen verwendet werden darf. Hier gehört Metzler Pension Management zu den Pionieren, da 2002 mit dem Metzler Trust das erste Gruppen-CTA in Deutschland eingeführt wurde.

Best Practice: Wertkontenmodelle

Neben diesen Treuhandlösungen bilden Wertkontenmodelle einen weiteren Schwerpunkt. Die Wertkonten bieten Unternehmen und Mitarbeitern ein flexibles Werkzeug, um auf veränderte Lebenssituationen und den demographischen Wandel zu reagieren. Das Prinzip dahinter ist einfach: Der Arbeitnehmer verzichtet auf einen Teil seines

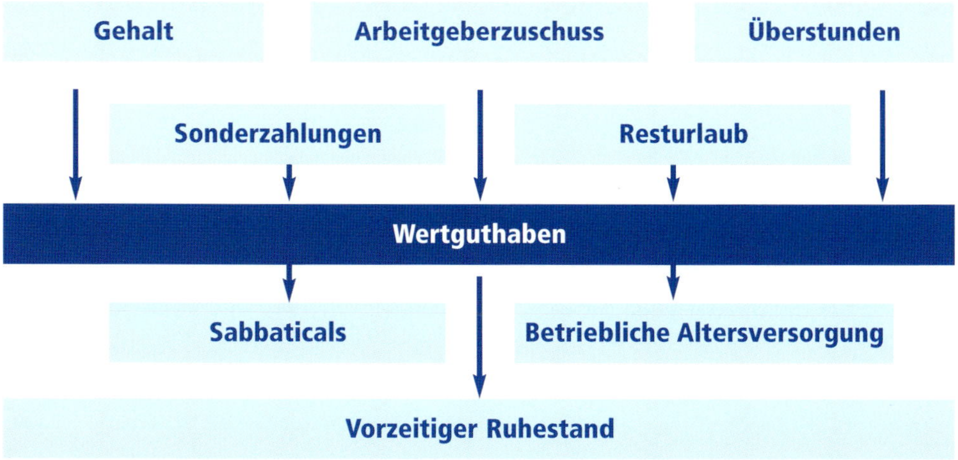

Das Prinzip der Wertkontenmodelle

Bruttoentgelts, das steuer- und sozialversicherungsfrei dem individuellen Wertkonto gutgeschrieben wird. So entsteht im Laufe der Zeit ein Wertguthaben, das in der Regel am Kapitalmarkt angelegt wird.

Mit diesem Guthaben lässt sich eine Auszeit, ein vorzeitiger Eintritt in den Ruhestand oder ein zusätzliches finanzielles Polster für die Zeit nach dem Arbeitsleben finanzieren. Wertkonten sind daher eine ideale Alternative für die Altersteilzeit, deren Förderung 2008 ausläuft. Auch bei Metzler selbst gibt es seit mehr als drei Jahren ein Wertkontenmodell. Die Akzeptanz ist hoch: Rund ein Drittel der Metzler-Mitarbeiter in Deutschland nimmt dieses in Anspruch.

Bislang profitieren rund 200 Unternehmen vom Know-how für kapitalunterlegte Versorgungsmodelle, darunter Kunden wie Bertelsmann, Nestlé, KPMG, Merrill Lynch oder Stihl, für die Metzler Pension Management individuelle Wertkontenmodelle entwickelt hat. Für Beiersdorf und Henkel dagegen hat das traditionsreiche Bankhaus das gesamte Versorgungssystem neu geordnet. ▪

Facts & Figures

B. Metzler seel. Sohn & Co. KGaA
Gründung: 1674
Branche: Banken
Dienstleistungen/Produkte: Finanzdienstleistung
Mitarbeiter: 700
Standorte: Frankfurt am Main, Köln/Düsseldorf, München, Stuttgart, Atlanta, Los Angeles, New York, Seattle, Tokio und Dublin; im Januar 2008 wird ein weiteres Büro in Hamburg eröffnet

Auszeichnungen

2006: Deutscher Kulturförderpreis für das Projekt „Ohr liest mit"
2004: Financial News Award „German Asset Manager of the Year"

Internetlink

www.metzler.com

Phenion

Alternativmethoden zu Tierversuchen

„Mit Phenion haben wir beste Voraussetzungen für zukünftige Produktinnovationen von Henkel geschaffen. Gleichzeitig kommen wir durch die beschleunigte Entwicklung von Ersatzmethoden zu Tierversuchen unserer gesellschaftlichen Verantwortung nach.“

Dr. Andrea Sättler,
General Manager,
Phenion GmbH & Co. KG

Phenion ist als Kompetenzzentrum für Haut- und Haarforschung sowie für die Entwicklung von Alternativmethoden zu Tierversuchen eine hundertprozentige Forschungsgesellschaft der Henkel KGaA.

Im Jahr 2001 wurde das Unternehmen als biotechnologische Forschungsgesellschaft zwischen der Henkel KGaA und der Johann Wolfgang Goethe-Universität in Frankfurt am Main sowie sechs Frankfurter Professoren in Form einer Public Private Partnership gegründet, 2006 um die Bereiche Haut- und Haarforschung sowie dermatologische Studien der Henkel-Forschung erweitert und ist seitdem Tochtergesellschaft von Henkel mit Sitz im Life Science Center in Düsseldorf-Bilk.

Insgesamt arbeiten 50 Spezialisten auf den Gebieten Biologie, Biochemie, Medizin und Ingenieurwissenschaften bei Phenion. Die gleichzeitige Nähe zu den Henkel-Experten in der Produktentwicklung und Produktsicherheit in Düsseldorf-Holthausen, zu den benachbarten Biotechnologiefirmen des Life Science Centers sowie zu den umliegenden Universitäten ist einzigartig und sichert die erfolgreiche Zusammenarbeit der Forscher.

Alternativen zu Tierversuchen

Phenion beschäftigt sich mit allen Facetten der Haut- und Haarforschung. Die auf diesem Gebiet gewonnenen Erkenntnisse werden von Phenion insbesondere für die Erforschung, Entwicklung und Verbreitung von tierversuchsfreien Testmethoden – sogenannten In-vitro-Methoden (Tests im Reagenzglas) – genutzt. Solche Methoden werden bei Henkel für die Entwicklung neuer Wirkstoffe eingesetzt, die mit der Haut in Kontakt kommen.

Industrielles Referenzzentrum

Weltweit werden In-vitro-Methoden als Alternativen zu Tierversuchen, zum Beispiel für die Absicherung von Produkten und Rohstoffen, benötigt. Durch weltweite Kooperation mit führenden Forschungsgruppen engagiert sich Phenion als industrielles Referenzzentrum für die Entwicklung und letztendliche behördliche Anerkennung von verschiedenen Teststrategien, die als Alternativen zu Tierversuchen eingesetzt werden können.

Best Practice: das Vollhautmodell

Phenion hat mit dem Phenion-Vollhautmodell ein Tool aufgesetzt, mit dem verschiedene In-vitro-Methoden entwickelt werden. Das Modell besteht aus drei Schichten: der sogenannten Dermis, proliferierender Basalzellschicht und Epidermis. Es wurde auf Basis humaner Zellen entwickelt und kann mit sehr hoher und gleichbleibender Qualität kultiviert werden.

Mit dem Vollhautmodell kann man zum Beispiel die Wirkung von Cremeformulierungen systematisch untersuchen. Diese äußerliche Anwendung ist neuartig und in der Kosmetikforschung von großem Interesse: So können über einen Zeitraum von

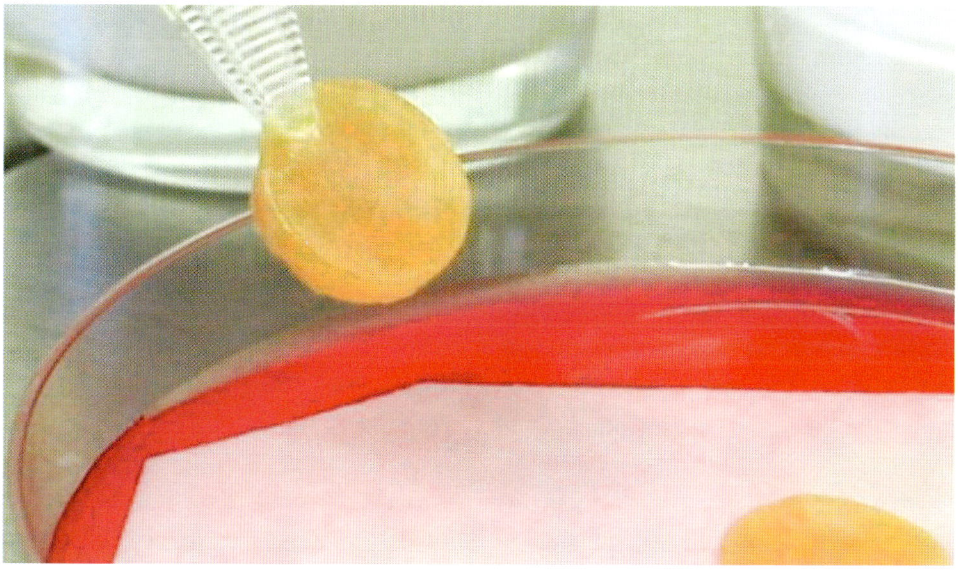

In der Petrischale: Phenion-Vollhautmodell für In-vitro-Tests

mehreren Tagen auf das Vollhautmodell Cremes aufgetragen werden, und die Forscher können so die Stoffwirkung auf die Integrität der Zellschichten, auf die Änderung der Genexpression und die biochemischen Prozesse hin untersuchen. Daneben wird es auf diesem Weg möglich, neue innovative Substanzen und Wirkkonzepte zu entwickeln.

Für das Phenion-Vollhautmodell wurde eine zum Patent angemeldete neue Trägermatrix auf Basis von Kollagen entwickelt. Die standardisierte Herstellung des Modells in Kombination mit seinen besonderen Eigenschaften scheint auch für den Einsatz als In-vitro-Alternative zu Tierversuchen geeignet zu sein. Um solche Entwicklungen allgemein verfügbar zu machen, vermarktet Phenion das Modell auch an externe Kunden.

Neben diesem Produkt nutzt Phenion eine Vielzahl weiterer biologischer Modelle, beispielsweise verschiedene Zellkultursysteme, um Wirkstoffe zu testen. Hinzu kommen dermatologische Probandenstudien zur Untersuchung der Wirksamkeit und Hautverträglichkeit von Produkten. Phenion bietet diese weiteren In-vitro- und In-vivo-Testmethoden auch als externe Dienstleistung an.

Facts & Figures

Phenion GmbH & Co. KG
Gründung: 2001
Branche: Biotechnologie
Dienstleistungen/Produkte: Phenion-Vollhautmodell, In-vitro-Studien, Probandenstudien
Umsatz (2006): 27.000 Euro
Mitarbeiter: 50
Standort: Düsseldorf

Internetlink

www.phenion.com

RS Components

Der Einkauf bietet Potentiale für Prozesskosteneinsparungen

„Gemeinsam mit unseren Kunden realisieren wir über E-Procurement Prozess-innovationen im Einkauf, deren Wertschöpfung von strategischer Bedeutung ist."

Dr. Bernhard Biergans,
Geschäftsführer,
RS Components GmbH

Die RS Components GmbH in Mörfelden ist der führende globale Beschaffungsdienstleister für den kleinen und mittleren Mengenbedarf in der Elektronik und Automation. Das Unternehmen verfügt über ein Sortiment von mehr als 500.000 Qualitätsprodukten führender Hersteller für die Forschung und Entwicklung, die Vor- u. Kleinserienfertigung sowie den betrieblichen Unterhalt. In Deutschland verlassen sich bereits 120.000 Kunden auf RS, darunter z.B. DaimlerChrysler, Lufthansa und Motorola.

Nicht nur in Konzernen und mittelständischen Unternehmen erwartet man heute vom Einkauf einen wesentlichen Wertschöpfungs- und Kostensenkungsbeitrag, mit dem kostspielige technologische Produkt- und Leistungsinnovationen ermöglicht werden. Auch in Kleinunternehmen wächst die Erkenntnis, durch Prozessinnovationen den Einkauf effektiver und effizienter managen zu können. Hier berät RS als Dienstleister, wie Bedarfe gebündelt und Beschaffungsvorgänge optimiert werden können. Der Einkauf bietet erhebliche Potentiale für Prozesskosteneinsparungen, wenn eine Bestellung von Anfang bis Ende elektronisch abgewickelt wird.

Kompetenz im E-Commerce

Bereits 1998 hat RS eine E-Commerce-fähige Website eingerichtet. Heute ist das Internet unverzichtbar, um FuE- und Instandhaltungsingenieure schnell mit innovativen Produkten und neuesten Informationen zu versorgen. Neben der großen Produktauswahl bietet der E-Shop www.rsonline.de 110.000 Datenblätter zum Download sowie weitere Hintergrundinformationen. Derzeit generiert RS bereits mehr als 40% seines Umsatzes elektronisch. An der weiter stark steigenden Tendenz hat das E-Procurement inklusive der innovativen Rechnungsstellung mit elektronischer Signatur (E-Invoicing) einen erheblichen Anteil.

Innovative Einkaufsprozesse

Für große Unternehmen bedeutet elektronischer Einkauf meist die Katalogisierung der Einkaufssortimente und die Einbindung von Lieferantenkatalogen in elektronische Plattformen oder Marktplätze. Zulieferer stellen den Kataloginhalt (d.h. Content) in Form einer Datei zur Verfügung, die in das bestehende E-Procurement-System geladen wird. Viele Firmen wählen solche Lösungen, die man auch als „Managed Content" bezeichnet.

Beim Punch-out greift der Besteller direkt auf den Onlinekatalog des Lieferanten zu. Der gefüllte Warenkorb gelangt dann als Bedarfsanforderung zum eigenen E-Procurement-System des Bestellers zurück. Der Nutzer hat unverzüglich Zugriff auf die neuesten Sortimente und sämtliche aktuellen Informationen des Lieferanten.

RS kann eine auf den Kunden zugeschnittene Integration seines Wunschsortiments sowohl im Managed-Content- als auch im Punch-out-Verfahren in den E-Procurement-Systemen aller wesentlichen Softwareanbieter (z.B. SAP, Ariba) realisieren. RS

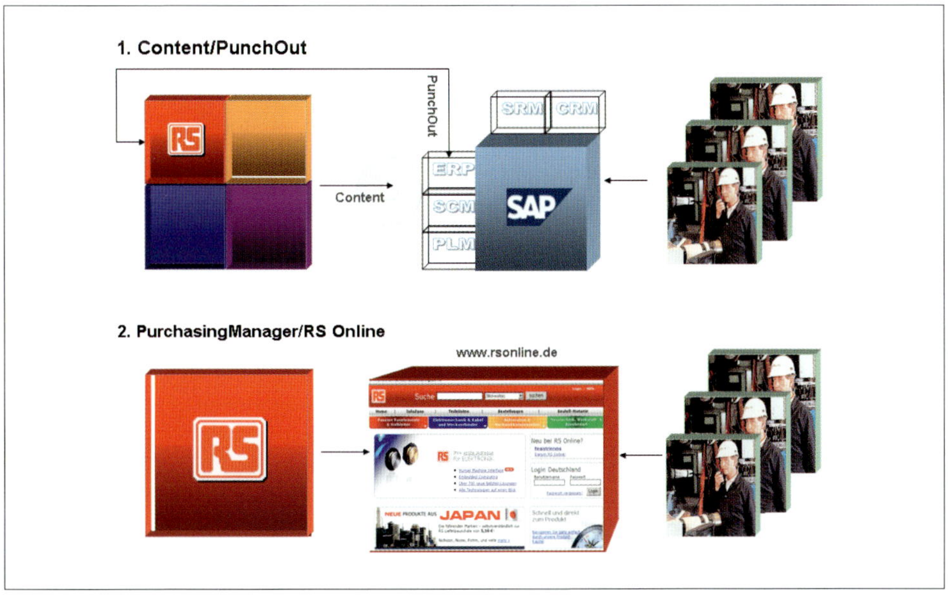

E-Procurement-Geschäftsmodelle

unterhält heute bereits rund 1.000 individuelle E-Procurement- Installationen.

Best Practice: PurchasingManager

Der von RS entwickelte PurchasingManager ist eine webbasierte kostenlose Möglichkeit für einen schnellen Einstieg in die Onlinebeschaffung – ohne eine aufwendige E-Procurement-Software oder die Einschaltung eines Marktplatzes. Dennoch lässt sich der gesamte Beschaffungsprozess eines Unternehmens abbilden, automatisieren und optimieren. Der Kunde kann das System an seine individuellen Anforderungen anpassen und Kontrollen sowie Auftragslimits, Budgets und Zugriffsrechte selbst definieren. Bestellungen, die Kontrollvorgaben nicht einhalten, gehen automatisch an zuvor definierte Entscheider. Dies ermöglicht eine eigenverantwortliche Bestellung dort, wo der Bedarf tatsächlich besteht und ohne großen formellen Aufwand rasch gedeckt werden muss. Die Einsparpotentiale in den Prozesskosten bei kleineren und mittleren Mengen sind gewaltig. Mehr als 4.000-mal konnte der Außendienst des Unternehmens dieses innovative Einkaufstool in Deutschland inzwischen einführen.

Zahlreiche Kunden haben sich aufgrund der erheblichen Kosten- und Zeiteinsparungen mit den verschiedenen E-Procurement-Lösungen dazu entschieden, ihren Bedarf zu beiderseitigem Nutzen weiter zu bündeln und in Einzelfällen auch RS als exklusiven Partner auszuwählen.

Facts & Figures

RS Components GmbH
Gründung: 1991
Branche: Beschaffungsdienstleistung für den kleineren und mittleren Mengenbedarf in der Elektronik und Automation
Dienstleistungen/Produkte: Über 500.000 Qualitätsprodukte führender Hersteller für den industriellen, technischen Bedarf. Schwerpunkte bilden Elektronik, Elektromechanik, Automatisierungs- und Messtechnik.
Umsatz (2006): Gruppenumsatz rund 1,25 Mrd. Euro
Mitarbeiter: Weltweit über 5.500, in Deutschland 380

Auszeichnungen

2005: KatalogBenchmark
2004: Distributor of the Year

Internetlink

www.rsonline.de

Sixt Leasing

Onlinelösung für Gehaltsumwandlung

„Wir sind seit vielen Jahren Innovationsführer, wenn es darum geht, das Mieten von Fahrzeugen so einfach, bequem und erlebnisreich wie möglich zu machen. Im Leasing wollen wir durch innovative Produkte die Mobilitätskosten unserer Kunden kontinuierlich senken."

Jörg Martin Grünberg, Vorstand, Sixt Leasing AG

Ein kreatives Chaos – das gehört zur Firmenphilosophie im Hause Sixt. Erich Sixt ist Unternehmer aus Leidenschaft. Er steht auf unkonventionelle Methoden. Sein Kredo: „Nur wer kontrovers und provokativ denkt, kommt voran – im Unternehmen und anderswo".

Dieser Unternehmergeist und die stetige Orientierung am Mobilitätsbedarf des Kunden machten aus dem 1967 gegründeten Unternehmen Sixt Leasing einen der größten hersteller- und bankenunabhängigen Leasinganbieter in Deutschland.

Die stetige Anpassung der Produkte und Dienstleistungen an die individuellen Bedürfnisse der Kunden und die sich wandelnden wirtschaftlichen und sozialen Rahmenbedingungen ist zentraler Bestandteil der Unternehmensstrategie. Aus diesem Grund hat Sixt Leasing in den vergangenen Jahrzehnten immer wieder Produkt- und Serviceinnovationen in den Markt eingeführt, durch die Leasingprozesse so einfach, bequem und transparent wie möglich gestaltet werden, um den Kosten- und Zeitbudgets der Kunden gerecht zu werden. Diese Innovationen sind in vielen Fällen ein wichtiges Differenzierungsmerkmal zum Wettbewerb.

Regelmäßige Ideenzirkel

Jeder Mitarbeiter der Sixt Leasing ist angehalten, neue Ideen einzubringen. Dies wird proaktiv gefördert. Neben vertikalen Teammeetings finden regelmäßig Ideenzirkel statt, die Mitarbeiter verschiedenster Hierarchieebenen und Fachbereiche zusammenbringen. Der Sixt Blog motiviert zudem, konzernübergreifend Ideen unkompliziert zu äußern.

Das Open-Door-Prinzip ermöglicht jederzeit einen offenen und direkten Informationsaustausch auf allen Ebenen der Hierarchie.

Digitalisierung von Prozessen

Sixt Leasing setzt in allen Geschäftsbereichen auf modernste Technologien. Klar, denn die hohen und vor allem wechselnden Ansprüche des Kerngeschäfts erfordern schnelle Reaktionen und sichere Entscheidungen. Auch administrative Abläufe dürfen da keine Ausnahme bilden. Sixt Leasing hat daher, wie auch der gesamte Sixt-Konzern, zeit- und kostenintensive Verwaltungsprozesse digitalisiert. So wird zum Beispiel eingehende Post in einem zentralisierten Rechnungseingang (Digitale Poststelle) eingescannt, via OCR vorindiziert, als revisionssichere Ablage im Archiv gespeichert und letztlich über einen integrierten Workflow im Haus verteilt. Das

Frech, provokant, erfrischend – Sixt-Werbung

Workflow-System ist in der Lage, Dokumente und Rechnungen zu identifizieren und in die passenden Prozesse einzusteuern. Anhand definierter Merkmale können die Empfänger der Dokumente und Rechnungen automatisiert ermittelt werden.

Die Vorteile dieser „papierlosen" Abwicklung liegen klar auf der Hand:

- deutlich kürzere Durchlaufzeiten
- weniger Fehlerquellen
- massive Zeitersparnis
- erhöhte Transparenz & Effizienz
- mehr Kapazitäten der Mitarbeiter für den Kunden

SixtMobilitySolution

Auch und insbesondere auf Kundenebene zeichnet sich die Sixt Leasing durch innovative Technologien zur Optimierung von Prozessen aus. Denn Fuhrparkmanagement erfordert neben qualifiziertem Personal gleichermaßen eine hochwertige IT-Infrastruktur. Erst ein kontinuierliches Reporting während der gesamten Leasinglaufzeit ermöglicht eine optimale Flottensteuerung, reduziert den Verwaltungsaufwand auf ein Minimum und trägt dazu bei, die Transparenz zu erhöhen und die Fuhrparkkosten deutlich zu senken.
Mit der SixtMobilitySolution bietet die Sixt Leasing eine IT-Lösung zur kompletten Onlineabwicklung der wichtigsten Prozesse im Leasingbereich an. Sowohl für den Nutzer des Leasingfahrzeuges als auch für den Fuhrparkmanager bestehen verschiedene Möglichkeiten der Leasingabwicklung und Leasingkontrolle.

Best Practice: Gehaltsumwandlung

Eine neue Internetanwendung unterstreicht die Position von Sixt Leasing als Spezialist für Modelle der Gehaltsumwandlung durch Firmenwagen, die auch privat genutzt werden dürfen. Auf der Website von Sixt Leasing können Arbeitnehmer und Unternehmen mit Hilfe von zwei Vorteilsrechnern – dem Gehaltsoptimierer für Arbeitnehmer und dem Kostenoptimierer für Arbeitgeber – die finanziellen Vorteile eines Dienstwagens als Gehaltsbestandteil bestimmen.

Arbeitnehmer sind somit in der Lage, individuell zu kalkulieren, wie hoch ihre Ersparnis an Lohnsteuer und Sozialabgaben nach Anrechnung des geldwerten Vorteils ausfällt, wenn ein Teil des Gehalts für einen privat nutzbaren Firmenwagen veranschlagt wird.

Arbeitgebern hingegen ermöglicht der Onlinerechner, die Einsparungen an Personalkosten (Sozialabgaben und Gehaltskosten) zu ermitteln, die sich für das Unternehmen durch Bereitstellung eines Dienstwagens anstelle einer Gehaltserhöhung erzielen lassen.

Mit diesem kostenlosen Service greift Sixt einen Leasingtrend auf: Die Zahl der Gehaltsumwandlungsmodelle in den Unternehmen steigt kräftig und wird auch künftig ein wichtiges Element in den Entgeltverhandlungen darstellen. Dank der individuellen Kalkulationsmöglichkeiten haben sich die Sixt-Rechner bei Internetnutzern zügig etabliert. ▪

Facts & Figures

Sixt Leasing AG
Gründung: 1967
Branche: Mobilitätsdienstleistung
Umsatz (2006): 575,5 Mio. Euro
Mitarbeiter: 223

Auszeichnungen

2007: Microsoft Vendor Award
2005: „Claas Supplier Award" als bester Dienstleister
2005: „Uvex Supplier of the year" in der Kategorie Dienstleistung
2004: „Bayrischer Qualitätspreis" im Bereich Unternehmensorientierter Dienstleister
2004: „Erich Sixt – Entrepreneur des Jahres"

Internetlinks

www.sixt-leasing.de
www.sixt.de

TÜV Hessen

Prüfmethodik: der Kern von Entwicklung und Innovation

„Die Verschmelzung der Prüf- und Testmethodik des Ingenieurs mit den Bedürfnissen der Betriebs- und Finanzwirtschaft ist eine der Kernkompetenzen des TÜV Hessen."

Falk K. Börsch, Geschäftsführer und Sprecher, TÜV Technische Überwachung Hessen GmbH

Der TÜV Hessen unterstützt Unternehmen aller Branchen mit Prüf- und Zertifizierungsleistungen zu technischer Sicherheit, Umweltschutz und Qualität. Schon in der Entwicklungsphase sichern Know-how und Kompetenz des TÜV Hessen die Produktivität, Effizienz und Marktfähigkeit von Anlagen, Produkten und Dienstleistungen.

Das angestammte Prüfgeschäft des TÜV Hessen bildet die Basis für Innovation im eigenen Haus und beim Kunden. Die interdisziplinäre Kombination von Wissenstypen und neu entwickelte Tools verwandeln Sicherheit, Qualität, Umweltschutz und Arbeitssicherheit in Effizienztreiber.

Vorbeugende Projektsteuerung

Effizienzsteigerung für Unternehmen ist auch der Treiber für eine Entwicklung im Bereich der Bauwirtschaft: Immer komplexere Bauvorhaben, kürzere Bauzeiten und wachsende Qualitätsansprüche erfordern innovative Instrumente bei der Projektsteuerung. Der TÜV Hessen hat als Lösung hierfür ein Projektsteuerungssystem entwickelt, das seine Schwerpunkte gemäß der ISO 10006 und ISO 9001 auf vorbeugende Verbesserungsprozesse legt. Die üblichen Instrumente der Kosten-, Termin- und Qualitätsplanung sowie deren Überwachung werden mit Audits, human FMEA´s (Fehler-Möglichkeits- und Einflussanalysen) und einem vorbeugenden Risiko- bzw. Beschwerdemanagement in einem System integriert. Entwicklungen der Prozesse werden gemessen und analysiert. Basierend auf einem Projektkommunikations- und Management-System (PKMS), werden einzelne als kritisch eingestufte Wege einer gesonderten Betrachtung unterzogen und von Sachverständigen des TÜV Hessen bearbeitet. Fehler werden behoben, bevor sie Einfluss auf den Gesamtprozess haben. Der Weg geht also weg vom reaktiven hin zu proaktivem Management von Bauvorhaben.

Vermeidung von Betriebsausfällen

Ähnliches gilt für den Bereich der Energieversorgung: Störungen in elektrischen Hoch- und Niederspannungsnetzen können erhebliche Auswirkungen auf Betriebsablauf und Sicherheit haben. Schwankungen und Lastspitzen im elektrischen Netz bringen oftmals Server, Notstromaggregate oder andere wichtige technische Geräte zum Ausfall. Das vom TÜV Hessen entwickelte Netzanalyse-System ermittelt Schwachstellen oder Fehlerquellen mittels leistungsfähiger Messtechnik bei laufendem Betrieb. Basierend auf der Erfahrung aus unzähligen Elektroprüfungen und der Zulassung als Prüflabor für elektromagnetische Verträglichkeit, verhindert diese Entwicklung kostenintensive Ausfall- und Stillstandszeiten, betreibt vor-

Qualität und Effizienz am Bau

beugenden Brandschutz und stellt die Zuverlässigkeit von Netz Ersatzanlagen sicher.

Nanotechnologie in der Praxis

Zukunftsmarkt Nanotechnologie: Konsequent werden sicherheits-, qualitäts- und umweltrelevante Aspekte dieser Querschnittstechnologie analysiert und ins Prüfspektrum integriert. Als Entwicklungsbegleiter der wachsenden nanotech-

Elektromagnetische Verträglichkeit sichern

nologischen Industrie berät der TÜV Hessen in Fragen der Normierung und Standardisierung. Fahrzeug- und Zulieferindustrie werden im Bereich Abgas und Emissionen bei der Entwicklung von Abgasreinigungssystemen – insbesondere Partikelfiltern und Katalysatoren (z.B. Trägerstoffe und Beschichtungen) – unterstützt. Messtechnologie und -methodik sowohl für gesetzlich limitierte Komponenten als auch im nicht reglementierten Bereich sind die Basis für Zertifizierung und Homologation im Rahmen nationaler und internationaler Gesetze, Richtlinien und Normen.

Best Practice: Rating Excellence

Die seit 2007 aktive europäische Regulierung des Bankensektors durch Basel II beschreibt mit ihrer Forderung nach Prozesstransparenz, Dokumentation und Prüfmethodik die Kernleistungen des TÜV Hessen. Das vom TÜV Hessen entwickelte Verfahren Rating Excellence versetzt Unternehmen in die Lage, durch entsprechend standardgerechte Gestaltung der sogenannten „Soft Factors" aktiven Einfluss auf ihr Rating und damit auf die Kreditkondition zu nehmen. Die frühzeitige Analyse des neuen Ratingverfahrens zeigte: Nahezu 40 Prozent der von Basel II definierten Anforderungen werden von der Qualitätsmanagement-Norm DIN EN ISO 9001 abgedeckt. Der vom TÜV Hessen entwickelte Ansatz Rating-Excellence ist die konsequente und zeitgemäße Kombination dieser beiden Ansätze in ein integriertes Verfahren. Damit kann der TÜV Hessen sowohl Banken als auch Unternehmen unterstützen: Während sich die ISO 9000 auf die Zertifizierung von Prozessen an den Schnittstellen zu Kunden und Lieferanten reduziert, integriert das Rating Excellence-Vefahren die Sprache der Banken als Lieferanten von Kapital und Liquidität ins Qualitätssystem. Damit werden die Anforderungen aller Stakeholder auf effizienteste Weise verknüpft.

Facts & Figures

TÜV Technische Überwachung Hessen GmbH
Gründung: 1991
Branche: Technische Dienstleistung
Dienstleistungen/Produkte:
Automotive
Autoservice
Industrieservice
Lifeservice
Managementservice
Umsatz (2006): 95 Mio. Euro
Mitarbeiter: 1.000
Standorte: über 60 in Hessen, Hauptsitz Darmstadt

Auszeichnung

2007: BEST BRAND 2007

Internetlink

www.tuev-hessen.de

Innovationstreiber am Standort Deutschland

Junge Innovationstreiber

Argand'Or
Menschliche Globalisierung

„Die Argand'Or GmbH wurde gegründet, damit die Bedeutung des Arganbaums und die einzigartige Herstellung eines der kostbarsten Pflanzenöle und wertvollsten medizinischen Naturpflegemittel – handgepresstes Arganöl aus Marokko – für die Menschen nicht verlorengehen."

Rudolf Bresink,
Mohamed El Karz,
Rudolf Meyer,
Geschäftsführer,
Argand'Or GmbH

Die Argand'Or GmbH ist ein junges deutsch-marokkanisches Unternehmen mit Sitz in Friedrichsdorf (Hessen). Ihre Ziele sind der Erhalt und die weltweite Vermarktung des einzigartigen Kulturguts aus der Arganeraie in Marokko: handgepresstes Bioarganöl. In fairer und nachhaltiger Partnerschaft mit den Frauenkooperativen der U.C.F.A. (Union des Coopératives des Femmes de l'Arganeraie) wird dieser einzigartige Schatz der Natur noch nach jahrhundertealter Tradition hergestellt.

Argand'Or hat aus dem unbekannten Arganöl der Frauenkooperativen in kürzester Zeit eine internationale Marke entwickelt, die beispielhaft zeigt, wie „menschliche Globalisierung" zum Wohl der Produzenten funktionieren kann.

Arganöl: Schutz für Herz und Haut

Internationale Sterneköche wie Johann Lafer und Eckhardt Witzigmann stellen heute Arganöl „auf eine Stufe mit Trüffel und Kaviar" und kreieren immer neue kulinarische Rezepte mit „dem Gold Marokkos".

Forscher haben in handgepresstem Arganöl gesunde Inhaltsstoffe entdeckt, die in dieser Kombination in keinem anderen Öl zu finden sind. Die antioxidative Kraft resultiert aus dem hohen Anteil an lebenswichtigen ein- und mehrfach ungesättigten Fettsäuren. Ungewöhnlich reich ist der Anteil an Vitamin E und an natürlichen Antioxidantien. Mit den einmaligen pflanzlichen D-7-Sterolen, die in der natürlichen Krebsprävention als Hoffnungsträger gelten, ist Argand'Or-Arganöl ideal für eine gesunde, cholesterinbewusste Ernährung.

Die antioxidative und heilende Wirkung, vor allem gegen freie Radikale, macht sich zunehmend auch die Kosmetikindustrie zunutze. Argan-Hautöl wird als eines der potentesten natürlichen Anti-Aging-Mittel für die Haut angesehen.

Schonendes Verfahren

Nur noch im Südwesten Marokkos, in einer kleinen, von der UNESCO zum Weltkulturerbe ernannten Region, wächst der

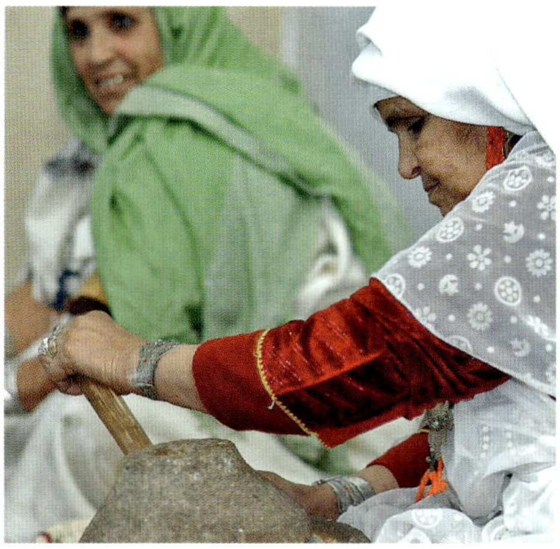

Berberfrauen bei der Handpressung

Arganbaum – argania spinosa –, einer der ältesten Bäume der Weltgeschichte.

Für Argand'Or wird das Öl, wie vor 100 Jahren, in dem einzigartigen Handpressverfahren der Berberfrauen hergestellt. Nach dem Sammeln der Früchte und dem Auf-

Produktpalette von Argand'Or

schlagen der Kerne mit Steinkeilen werden die kleinen Mandeln sorgfältig sortiert und leicht erwärmt. Schließlich werden die Mandeln in Steinmühlen gemahlen. Es entsteht eine cremige Paste, aus der unter ständigem Kneten das kostbare Öl herausgearbeitet wird. Mit diesem schonenden Verfahren der Ölgewinnung bleiben alle wertvollen Wirk- und Heilstoffe erhalten. Um einen Liter Argand'Or-Arganöl herzustellen, benötigen die Berberfrauen rund zwei Tage.

Best Practice: soziale Verantwortung

Unter dem Dach der UCFA – Union des Coopératives des Femmes de l'Arganeraie – haben sich die Berberfrauen, die noch als einzige die Tradition der Handpressung beherrschen, in Kooperativen zusammengeschlossen. In sozialer Verantwortung und fairer Partnerschaft sichert Argand'Or die Lebens- und Einkommensbedingungen der Berberfamilien („Fairer Handel"), die dadurch z.B. ihre Kinder zur Schule schicken können, und fördert mit EU-Organisationen soziale Projekte. Argand'Or ist Mitglied der königlichen Stiftung für den Erhalt der sozialen Strukturen „Foundation Mohammed VI" und vertritt weltweit die Interessen der UCFA.

„Die Wertschöpfungskette von handgepresstem Arganöl erfüllt zahlreiche Kriterien der Armutsminderung", schreibt die GTZ – Deutsche Gesellschaft für Technische Zusammenarbeit. „Sie sorgt für ein regelmäßiges Einkommen, stärkt die Unabhängigkeit und das Selbstbewusstsein der Frauen, begünstigt die Gleichstellung der Geschlechter und trägt schließlich zum Schutz der Umwelt und der natürlichen Ressourcen bei."

Zusammenschluss unter dem Dach der UCFA

Heute arbeiten rund 23 Frauenkooperativen in der UCFA. Im Rahmen der Partnerschaft mit der Stiftung „Mohammed VI", sorgt Argand'Or für den Erhalt der sozialen Strukturen und den Lebensunterhalt von rund 6.000 Menschen in der Arganeraie. Argand'Or-Produkte werden mittlerweile in zehn Ländern, einschließlich Japans und der USA, verkauft.

Facts & Figures

Argand'Or GmbH
Gründung: 2005
Branche: Lebensmittel und Naturkosmetik
Mitarbeiter: 11

Auszeichnungen

2007	Superior Taste Award
2007	Großer Preis des Mittelstandes (Nominierung)
2006	Organic Top 17 – the best, most innovative, inspiring and sustainable products and companies around the world
2006	Hessischer Gründerpreis
2006	Preisträger „Mittelstandsförderung"
2005	Produkt des Jahres: Empfehlung Biolebensmittel
2005	1. Preis Best Excellence Rhein-Main

Internetlinks

www.argandor.de
www.argandor.com

Digital Revolution Technology

Digitales Marketing und E-Commerce optimieren

„Digitale Medien sind der Marketingkanal der Zukunft. Wer mehr über seine Nutzer in digitalen Kanälen erfährt, sichert sich entscheidende Wettbewerbsvorteile für die Zukunft. Wir nennen das: Better Profiling, Better Targeting, Better Results."

Michael Beck, Geschäftsführender Gesellschafter, Divolution – Digital Revolution Technology GmbH

Divolution (Digital Revolution Technology) ist ein junges Unternehmen. Es will zeigen, dass digitale Marketingtechnologien „Made in Germany" möglich sind und es damit ein führender Player für datenbasierte digitale Marketing Lösungen in Europa werden kann. Jeder User von digitalen Medien hat spezielle Nutzungsgewohnheiten und Interessen. Die bessere Messung, Analyse und Nutzung dieses Verhaltens ist der Schlüssel zu besserer Ansprache und somit zu besseren Ergebnissen. Unternehmen können auf Basis der Technologien ihre Effizienz und Effektivität im digitalen Marketing verbessern und der User erhält eine höhere Qualität der Ansprache.

Medienkonvergenz

Ein Nutzer von digitalen Medien hat heute vielfältige Möglichkeiten diese zu nutzen. Marketingtreibende Unternehmen haben vielfältige Möglichkeiten, diese Nutzer anzusprechen. Aktuell besitzt fast jedes Unternehmen eine Website zur Unternehmensdarstellung im Internet, viele Unternehmen sind in Second Life präsent, wiederum andere nutzen das Internet für E-Commerce und betreiben Online-Werbung. Somit sind heute digitale Medien aus den Marketingstrategien der Unternehmen nicht mehr wegzudenken. Das Internet und digitale Medien haben einen großen Vorteil gegenüber allen anderen Medien, denn Aktionen und Transaktionen der User sind messbar. Messbarkeit erlaubt bessere Kontrolle und somit Optimierung der Aktivitäten. In Zukunft werden wir nicht nur vom Internet als digitalem Kanal sprechen, sondern von der digitalen Medienkonvergenz, die das Internet, Mobile, digitale Games und digitales TV miteinander verschmelzen wird.

Wettbewerbsvorteil Messbarkeit

Die Gründer von Divolution haben früh erkannt, dass besonders die Messbarkeit und die Fülle der automatisch erhobenen Daten einen Wettbewerbsvorteil des Kanals Internet darstellt. Jedes Unternehmen, das eine Website betreibt, möchte wissen, was die User auf diesen Seiten machen und wie erfolgreich die Internetpräsenz ist. Besonders für ein E-Commerce-Unternehmen ist eine erfolgreiche Website das wichtigste Standbein des Geschäftsmodells. Der Markt der Onlinewerbung hat sich im vergangenen Jahr zu einem eigenen großen Milliarden-Markt entwickelt.

Kern der Technologie ist eine innovative Trackingmethode, die profilbasiert und cookielos arbeitet. Tracking bedeutet Datenerhebung durch Messung des Userverhaltens auf Websites und Messung des Erfolges von Onlinewerbung.

Modulare Lösungen

Die Divolution-Systematik (Daten erheben, verarbeiten und nutzen) ermöglicht den Einsatz verschiedener modularer Lösungen für Analyse, Profiling, Testing, Targeting, Ad-Serving und Optimierung. Für Websitebetreiber jeder Branche, die Marketing-, E-Commerce und Unternehmensdarstellungswebsites haben, gibt es eine User- und Website-Analyse-

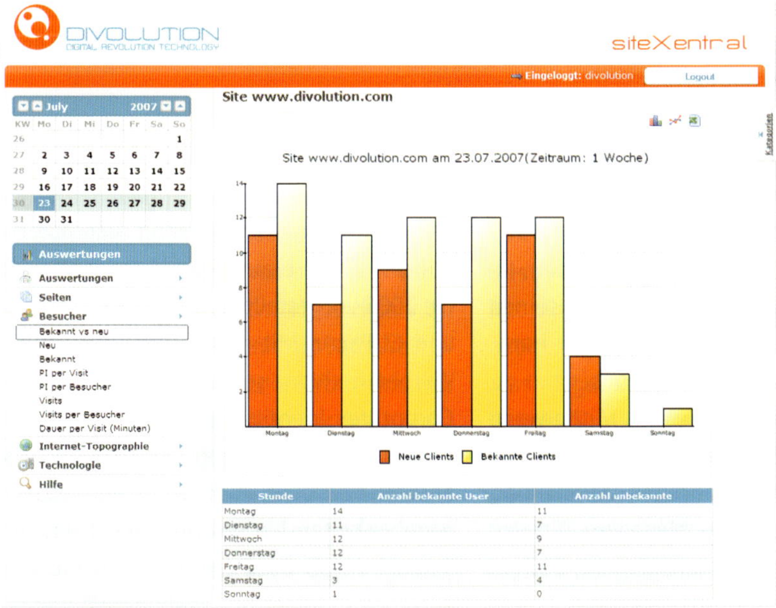

Onlineauswertung: Besucher pro Tag

Lösung, mit der Unternehmen feststellen, wie viele User auf ihrer Website sind, woher diese User kamen, was sie genau gemacht haben, welches Profil sie haben, wie viele Artikel in den Warenkorb gelegt und wie viel Umsatz gemacht wurden. Erweitert wird diese Lösung durch eine Testing- und Targeting-Technologie, mit der einfach und schnell festgestellt werden kann, welches Angebot und welcher Content bei den Usern am besten ankommen.

Für Werbungtreibende bietet Divolution Lösungen, die es ermöglichen Onlinewerbung auszuliefern, zu messen und mit intelligenten Algorithmen zu optimieren. Für Werbeflächenanbieter bietet Divolution Lösungen, durch erhobene Userprofile das vermarktbare Inventar zu veredeln und Umsätze zu steigern.

Best Practice: Ansprache optimieren

Für den Relaunch seiner Website nutzte der Movie Park Germany die Analyse- und Testing-Lösungen, um automatisch zu ermitteln, welcher Content und welche Variante bei welcher Zielgruppe am besten ankam. Durch ein permanentes Userprofiling, gekoppelt an ein automatisches Targeting, erhält jeder User den Content, der ihn am meisten interessiert. Durch diese ständige Optimierung der Useransprache konnte der Erfolg der Movie Park Website erheblich gesteigert werden. Nidal Sadeq, Director Marketing & Sales Movie Park Germany: „Mit der eingesetzten, hochmodernen Technologie versprechen wir uns einen klaren Wettbewerbsvorteil, der unserem Relaunch Rechnung trägt. Dabei ist entscheidend, dass wir nicht punktuell, sondern kontinuierlich an der Performance unseres Auftritts arbeiten". ▪

Facts & Figures

Divolution – Digital Revolution Technology GmbH
Gründung: 2005
Branche: Softwareentwicklung & Technologien für digitales Marketing
Dienstleistungen/Produkte: Software und Technologie zur Messung von Besucherverhalten auf Websites und zur Optimierung von Onlinewerbung
Mitarbeiter: 12
Umsatz Plan 2007: 0,5 Mio. Euro
Standorte: Detmold, Hamburg, Düsseldorf, Wien

Internetlinks

www.divolution.de
www.divolution.com

Trends, Charts & Figures

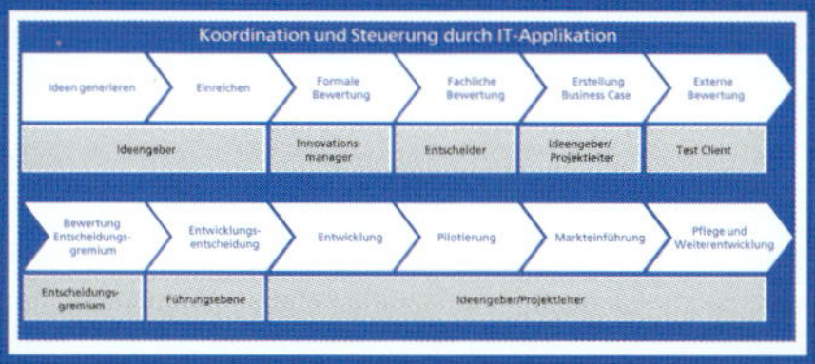

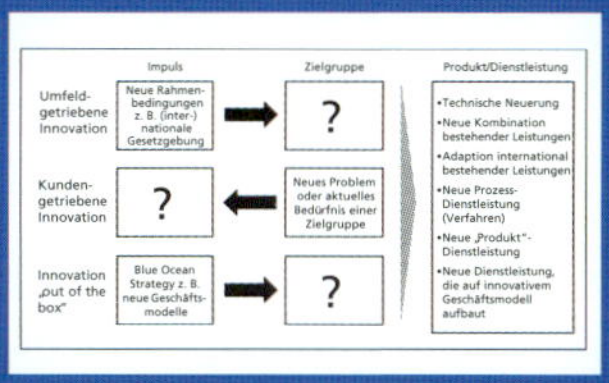

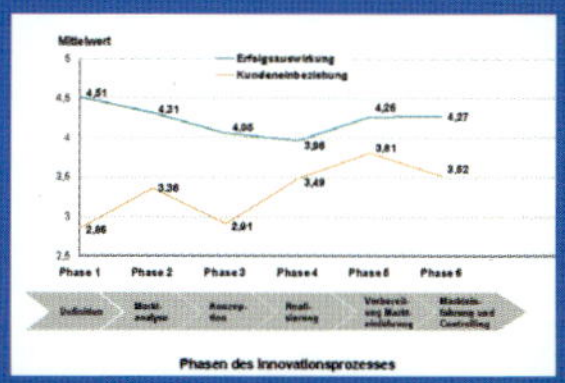

Innovation und Dienstleistung – ein Erfolgsgeheimnis?

Ergebnisse einer Studie

Prof. Dr. Ronald Gleich, Ulrike Handermann, Nina Schniering, European Business School

Dienstleistungsunternehmen stehen genauso wie Produktunternehmen in einem sich stetig verschärfenden Wettbewerb. Die Fähigkeit zur erfolgreichen Entwicklung von Innovationen wird in diesem Zusammenhang zu einem wesentlichen Erfolgsfaktor. Im Vergleich zur produzierenden Industrie ist ein systematisches Innovationsmanagement im Dienstleistungssektor allerdings nur wenig verbreitet. Aus diesem Grund entstehen Innovationen dort in vielen Fällen eher zufällig und intuitiv. Dies bestätigen die Ergebnisse einer Studie, die gemeinsam vom Lehrstuhl für Industrielles Management an der European Business School (EBS), der Unternehmensberatung Pricewaterhouse-Coopers (PWC) und dem Deutschen Zentrum für Luft- und Raumfahrt (DLR) zum Innovationsmanagement in Dienstleistungsunternehmen durchgeführt wurde.

Insgesamt wurden dafür im Frühjahr 2006 1.450 deutsche Dienstleistungsunternehmen mit mehr als 500 Mitarbeitern aus den Branchen Retail und Consumer, Medien und Entertainment, Informationstechnologie, Transport, Logistik und Tourismus, Energie und Versorger, Telekommunikation sowie Beratung angeschrieben. Hauptziel der Untersuchung war es, neben der Ermittlung des Status quo zum Innovationsmanagement bei deutschen Dienstleistungsunternehmen diejenigen Elemente einer innovationsorientierten Unternehmensgestaltung zu identifizieren, die für den Erfolg von besonderer Bedeutung sind. Die gewonnenen Erkenntnisse hierzu basieren auf den Antworten von 141 Unternehmen, die sich an der Studie beteiligt haben.

Praxis: Innovationsmanagement

Das jährliche Umsatzwachstum der an der Studie beteiligten Dienstleistungsunternehmen lag 2006 in den meisten Fällen deutlich über der Wachstumsrate des deutschen Bruttoinlandsprodukts. Dieses Umsatzwachstum verdanken die Dienstleister im Wesentlichen ihren innovativen Dienstleistungen: Vier von fünf Unternehmen glauben zudem, dass der Stellenwert von Dienstleistungsinnovationen für den Unternehmenserfolg in Zukunft noch steigen wird.

Demgegenüber zeigen sich im deutschen Dienstleistungssektor allerdings gravierende Defizite in Bezug auf das systematische Management von Innovationen.
In der Studie wurde der Umsetzungsstand der folgenden sechs zentralen Gestaltungsfaktoren einer innovationsorientierten Unternehmensführung untersucht:

1. Die Innovationsstrategie. Diese umfasst alle strategischen Aussagen im Zusammenhang mit der Entwicklung und Vermarktung neuer Produkte und Verfahren.
   Zentrales Studienergebnis: 57% der Unternehmen geben an, keine explizite Innovationsstrategie zu haben.

2. Das Innovationsmanagementsystem. Dieses beschreibt einen Komplex strategischer, taktischer und operativer Auf-

gaben zur Planung, Organisation und Kontrolle von Innovationsprozessen sowie zur Schaffung der dazu erforderlichen internen und externen Ramenbedingunggen.
Zentrales Studienergebnis: 80% der Unternehmen verfügen über kein Innovationsmanagementsystem.

3. Der Innovationsprozess. Dieser soll ein strukturiertes Vorgehen bezüglich der Innovationsaktivitäten im Unternehmen gewährleisten.
Zentrales Studienergebnis: Nach eigener Einschätzung der Unternehmen sind vor allem die ersten Phasen des Innovationsprozesses wie die Definitionsphase oder die Marktanalyse erfolgkritisch. In der realen Unternehmenspraxis finden die Kunden aber erst gegen Ende des Prozesses verstärkt Berücksichtigung (vgl. Abbildung 1).

4. Die organisatorische Verantwortung für Innovationsaktivitäten. Die Definition eines „Kümmerers" für Innovationsaktivitäten sorgt dafür, dass Innovationen konsequent im Unternehmen auch gegen Widerstände vorangetrieben werden.
Zentrales Studienergebnis: Bei 80% der Unternehmen ist Innovationsmanagement „Chefsache".

Abbildung 1: Einschätzung Erfolgsauswirkung und Kundeneinbezug in Phasen des Innovationsprozesses

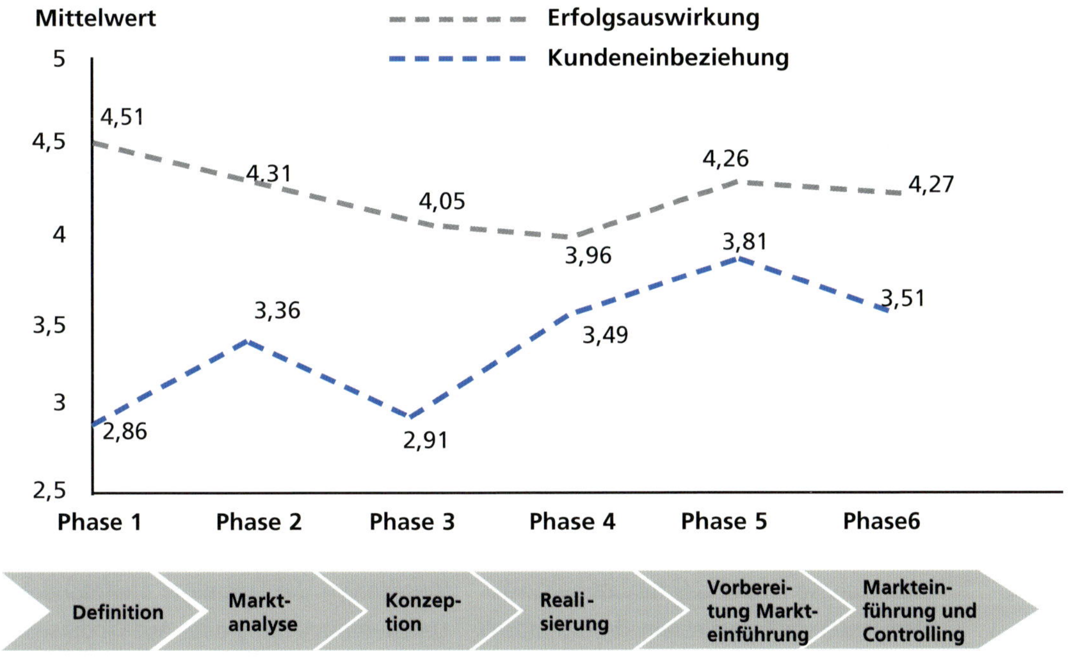

Quelle: European Business School

Accelerator und Multiplikator für Ideen zu sein. Diese Gremien bestehen aus Partnern verschiedener Bereiche sowie Branchenzuständigkeiten und fördern den bereichsübergreifenden Austausch und neues Denken aus verschiedenen Perspektiven, auch durch die Einbindung externer informiert. Einige der damaligen Ideen sind mittlerweile eingeführt und tragen heute als Dienstleistungsinnovationen erfolgreich zum Umsatz bei.

Das Innovationsthema wird von wissensintensiven Dienstleistern zunehmend als

Abbildung 2: Best Practice Innovationsprozess

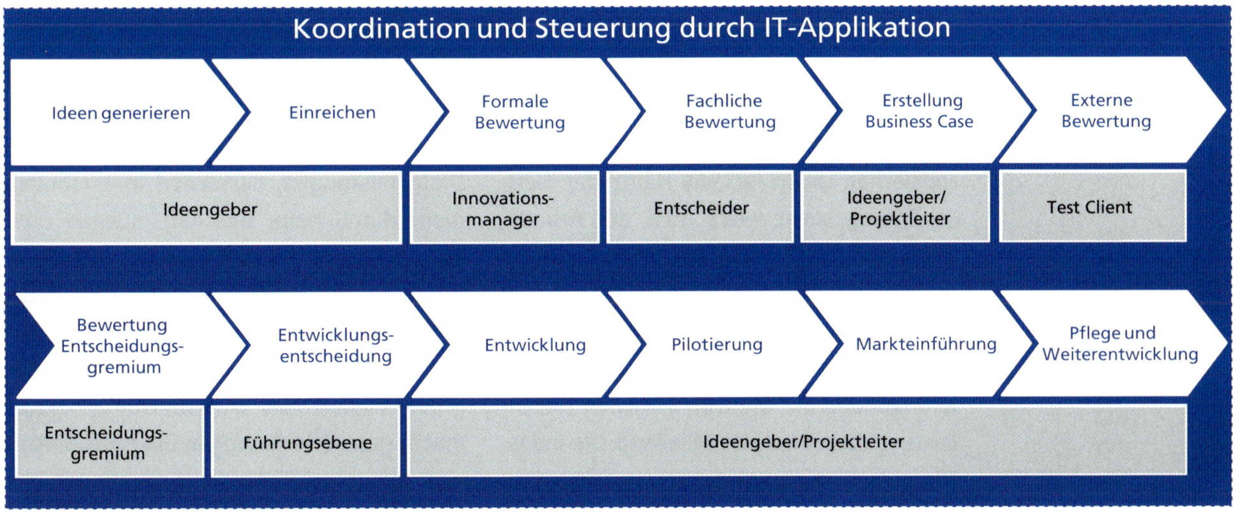

Quelle: PricewaterhouseCoopers

Experten. So beschäftigt sich ein Innovation-Board nicht nur mit der Bewertung eingereichter Business-Cases, sondern auch mit konkreten Innovations- und Umsatzzielen für die kommenden Geschäftsjahre. Für die mittel- bis langfristige Geschäftsbereichsplanung werden Megatrends beobachtet, Zukunftsszenarien und Service-Innovation-Roadmaps entworfen.

Im Rahmen des Innovationsprozesses von PricewaterhouseCoopers wurden beispielsweise im Beratungsbereich Advisory im Zeitraum von November 2004 bis Juli 2007 260 Ideen eingereicht. Etwa 15% der Vorschläge wurden als erfolgversprechend eingestuft. Diese wurden konkret ausgearbeitet und mit einem Business-Plan versehen. Im Rahmen von zwei Innovationstagen wurden Mitarbeiter und Kunden über den Innovationsprozess und die Ergebnisse

Erfolgsfaktor wahrgenommen, wenngleich sich die Umsetzung erst in den Anfängen befindet. Letztendlich kommt es im Unternehmen darauf an, den richtigen Mix aus Innovationskultur, -strategie, -management und -controlling zu finden und zu implementieren. Voraussetzung ist die eigene Wandlungsfähigkeit und Umsetzungsstärke.

Nicht zuletzt zielt die Erstellung von wissensintensiven Dienstleistungen auf die Einbindung und Mitwirkung der Kunden ab. Eine Dienstleistungsinnovation wird nur dann erfolgreich sein, wenn sie zum richtigen Zeitpunkt für den Kunden einen klar erkennbaren Mehrwert erbringt. Letztendlich steht der Kunde mit seinen Zukunftsfragen und Bedürfnissen im Mittelpunkt aller Bemühungen – und er entscheidet.

Hessisches Ministerium
für Wirtschaft, Verkehr und Landesentwicklung

HESSEN

Hessen-IT

Schwerpunkte 2007

Breitband Ein Wettbewerbsvorteil

Breitbandige Internetzugänge gehören für alle Unternehmen zur entscheidenden Infrastruktur. Mit der Aktion „Mehr Breitband für Hessen" will das Hessische Ministerium für Wirtschaft, Verkehr und Landesentwicklung möglichst alle hessischen Regionen an das schnelle Breitbandnetz anbinden.

Games Der Markt mit enormen Potenzialen

Der Markt für Computer- und Videospiele ist derzeit einer der größten Wachstumsbereiche der Informationstechnologie. Im Rhein-Main-Gebiet gibt es eine Vielzahl an qualifizierten Unternehmen, die hiesige Dichte an Entwicklern und Publishern ist in Deutschland einmalig.

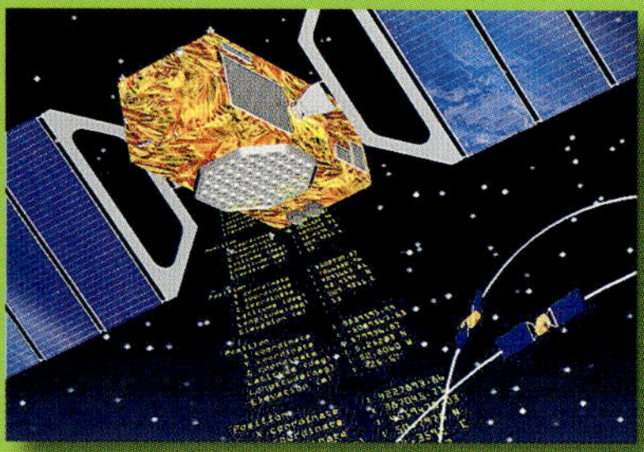

Galileo Hessens IT-Branche auf neuen Wegen

Der Markt für Navigationsanwendungen rund um das europäische Satellitennavigationsprojekt Galileo wird die hessische IT-Branche beflügeln und wichtige Impulse für die Entwicklung innovativer Produkte und Dienste geben.

www.hessen-it.de

Die **Aktionslinie Hessen-IT** ist die Informations- und Kommunikationsplattform für Anbieter und Anwender in den Bereichen ▪ Online-, Software- und Telekommunikations-Markt ▪ Electronic Commerce, Mobiles Arbeiten und E-Learning ▪ RFID ▪ IT-Sicherheit ▪

An Hessen führt kein Weg vorbei.

Hessen IT

Dänemark und Schweden, sind auch durch starke wissensintensive Dienstleistungen geprägt, während sich für innovationsschwache Länder, wie z.B. Polen, Portugal und Griechenland, das Gegenteil feststellen dieser Hinsicht sind die Voraussetzungen in Europa nicht überall gleich.

Innovationen im Dienstleistungsbereich hängen in ganz besonderem Maße von

Abb. 3: Anteil (in %) von Firmen mit nichttechnologischen Innovationen (EU-27, außer Finnland, Lettland, Slowenien, Schweden und Vereinigtem Königreich)

	Organisations- oder Marketinginnovation	Organisations-innovation	Marketing-innovation
A. Alle Firmen:			
Industrie	26,0	22,7	13,1
Verarbeitendes Gewerbe	26,2	22,7	13,3
Dienstleistungen	26,0	23,7	13,0
KIBS	41,5	38,3	17,7
Dienstleistungen (außer KIBS)	22,7	20,6	12,0
B. Unternehmen mit Innovationsaktivitäten			
Industrie	63,5	55,3	32,0
Verarbeitendes Gewerbe	63,4	55,1	32,3
Dienstleistungen	71,3	64,9	35,6
KIBS	73,6	67,8	31,3
Dienstleistungen (außer KIBS)	70,4	63,8	37,2

Quelle: Eurostat, Community Innovation Survey 4 data

lässt. Dies ist nicht weiter erstaunlich, da mit dem Anteil wissensintensiver Dienstleistungen auch die Forschungsintensität, die Beschäftigung hochqualifizierter Mitarbeiter sowie die Nutzung moderner Informations- und Kommunikationstechnologien höher ausfallen. All dies sind Faktoren, die sich günstig auf das Innovationspotential auswirken.

Ein wichtiger Punkt in diesem Zusammenhang ist, dass sich Innovationserfolge im Dienstleistungsbereich oft leichter und schneller erzielen lassen als in der Industrie, da solche Innovationen weniger kapitalintensiv sind und der Weg zum Markt oft bedeutend kürzer ist. Während etwa neue pharmazeutische Produkte bis zur ihrer Vermarktung viele Jahre benötigen, werden Serviceinnovationen vielfach gewissermaßen über Nacht auf den Markt gebracht. Dies setzt allerdings große unternehmerische Gestaltungskraft und Risikobereitschaft voraus wie auch einen heimischen Markt, der offen für Neuerungen ist. In einem innovationsfreundlichen Umfeld ab, nicht nur auf den Märkten, sondern auch in den Betrieben. Um neue, innovative Dienstleistungen zu entwickeln und dafür zahlungsbereite Kunden zu finden, sind oft andere Qualifikationen gefragt als im verarbeitenden Gewerbe, wie zum Beispiel Kreativität und Offenheit gegenüber Kundenwünschen. Das erfordert auch ein Umdenken in der Innovationsförderung: Weg von einseitiger Hochtechnologieförderung und hin zur Marktöffnung und besseren Mitarbeiterschulung. Auf der anderen Seite sollte jedoch vermehrt auch der Tatsache Rechnung getragen werden, dass viele Dienstleistungen immer technologie- und damit auch kapitalintensiver werden, gleichzeitig aber kurzfristigen Marktkalkülen unterliegen. Das erfordert auch von Dienstleistungsunternehmen zunehmend ein professionelles Innovationsmanagement, auf das viele Neugründungen in diesem Bereich nicht hinreichend vorbereitet sind.

Dealing with discontinuous innovation

Prof. John Bessant, Imperial College

The trouble with innovation is that it involves a moving target. Firms get their edge by doing something different – but very quickly others spot what they are doing and imitate (and often improve) on it. And that applies not only to particular innovations – changes in product, process or service – but also to the ways in which innovation is organised and managed. Technologies shift, markets evolve and change, competitors move in new and different directions, governments alter the rules and regulations surrounding the game. The only certainty in the environment is increasing uncertainty. Learning to manage innovation is only half the battle. Successful organisations need to be able to constantly review and update their capability. They need sophisticated learning skills – a dynamic capability – to deal with the constantly shifting innovation challenge.

One dimension of this challenge is that whilst smart organisations can be highly competent at what we could call "steady-state" innovation (essentially doing what they do but better) problems can occur when they confront the need for discontinuous innovation. This is the kind of dramatic shift in markets, technologies, business models which changes the rules of the game. And under such conditions, it is often the new players who tend to do better because they don't have to wrestle with learning new tricks and letting go of their old ones. Discontinuous changes can often be disruptive to established players – and so learning to anticipate and deal with such conditions becomes a key strategic challenge.

Dealing with discontinuity requires a very different set of capabilities for organising and managing innovation. Searching in unlikely places, building links to strange partners, allocating resources to high risk ventures, exploring new ways of looking at the business – all of these challenge the "normal" way we approach the innovation problem. And while we know a lot about how to manage the steady-state kind of innovation, we're much less clear about where and how to start building discontinuous innovation capability.

How do firms deal with this kind of innovation – how do they work at the edge of chaos where new threats and opportunities are only dimly visible? And how do they search for innovation triggers or pick up on weak signals about emerging – but possibly radically different – futures? What do they do when these weak signals come into the organisation and hit the "mainstream" processes and criteria for allocating resources to strategic innovation projects? How do we avoid their being rejected by the "corporate immune system"? And even if we do decide to take these "wild" ideas forward, how do we organise this when by definition they are often projects which break the rules or require us to make up some new rules as we go along?

One way of getting to grips with this challenge is for firms to learn together about managing it – sharing experiences, trying new things, reflecting on what has and hasn't worked and looking at new ideas and models. By linking up with other firms, working with (practically minded!) academic researchers and drawing on experience in different sectors and countries, there's a chance to compare, contrast, share and develop our understanding of this major challenge. This is the basic idea behind the Discontinuous Innovation Laboratory (DILab) which involves networks of firms in such a shared learning process. Originally operating in the UK, Germany and Denmark, it now involves more than 100 organisations across eight countries. (See www.innovation-lab.org for details).

The programme started in spring 2006, and activities have involved a mixture of experience-sharing workshops (both in host countries and in an international setting) coupled with in-depth case research of DI experiences and experiments in each of the participating firms. Participating organisations come from all over Europe, from a variety of manufacturing and service areas, as well as from the public and private sec-tors. What brings organisations as diverse as Lego,

Search strategy	How it works
Sending out scouts	Dispatch idea hunters to track down new innovation triggers.
Exploring multiple futures	Use futures techniques to explore alternative possible futures, and develop innovation options from that
Using the Web	Harness the power of the Web, through online communities and virtual worlds, for example, to detect new trends.
Working with active users	Team up with product and service users to see the ways in which they chang and develop existing offerings.
Deep diving	Study what people actually do, rather than what they say they do.
Probe and learn	Use prototyping as a mechanism to explore emergent phenomena and act as boundary object to bring key stakeholders into the innovation process
Mobilise the mainstream	Bring mainstream actors into the product and service development process.
Corporate venturing	Create and deploy venture units
Corporate entrepreneuring and intrapreneuring	Stimulate and nurture the entrepreneurial talent inside the organisation.
Use brokers and bridges	Cast the ideas net far and wide, and connect with other industries.
Deliberate diversity	Create diverse teams and a diverse workforce.
Idea generators	Use creativity tools and techniques

Quelle: Imperial College

BMW, GlaxoSmithKline, Novozymes, Bertelsmann, the UK National Health Service and Unilever together is a shared sense that they can learn new tricks for the innovation game – and that there is value in doing so together.

Work with this "laboratory" is revealing a fascinating picture of how different shapes and sizes of organisation are coming to grips with this challenge – for example, how they search for unexpected clues to trigger new innovation directions. There is a wide range of strategies which different organisations are experimenting with – and from which other organisations can learn. In fact, we found no fewer than 12 different approaches to the problem – so even experienced firms can find new perspectives and ideas to test. In the process of networking, organisations gain access to a rich range of ideas and the practical tools to take them forward.

One of the biggest benefits in exploring this challenge in a network is that it highlights many of the difficulties – and approaches that might be taken to overcome them. But the real value comes from the fact that this is a cross-sector network so there is plenty to learn about how they do things in industries and markets which may be very different from your own!

There are plenty of challenges for service organisations along the discontinuous frontier. "Fault lines" which might open up to destabilise the game include the huge challenge of globalisation and attempts to understand and work with emerging markets, the continuing but accelerating pace of technological change ($1 trillion is spent every year on public and private R&D around the world!), increasing virtualisation of those markets (MySpace, for example, now has a population of 110 million users, the equivalent to the 11th largest country in the world!) and growing user involvement in creating and diffusing innovations (think of Linux and the powerful force its open source model has become).

Behind them are the huge issues of sustainability in a world where climate change, energy security and major population movements can no longer be ignored. All of these mean that innovation of the "steady-state" variety may not be sufficient. Organisations need to learn some new tricks – and activities like the DI Laboratory suggest it might be worthwhile to make that learning journey a shared process.

Mensch und Markt im Mittelpunkt

Markus Garn
F.A.Z.-Institut, Innovationsprojekte

Die Innovationen in deutschen Unternehmen geschehen häufig ohne Beteiligung der Kunden. Dies hat – wieder einmal – eine aktuelle Studie ergeben. Die Ergebnisse der Innovationsvereinigung (idwi) zeigen, dass gerade die Innovationsverantwortlichen in Unternehmen mit am weitesten vom Markt entfernt sitzen.

Dies betrifft auch die Dienstleistungsbranche. Dabei ist die Bereitschaft und die Fähigkeit des Kunden, am Innovationsprozess teilzunehmen, nicht zu unterschätzen. In der Regel begrüßen es die Kunden, nach ihrer Meinung gefragt oder eingebunden zu werden. Insbesondere in Zeiten der Prosperität – der F.A.Z.-Konjunkturindikator weist seit Jahresbeginn monatlich Höchstwerte aus – erhöht dieses Vorgehen sowohl die Geschwindigkeit der Innovationsprozesse selbst als auch die Markttauglichkeit erheblich. Zudem werden unnötige Investitionen vermieden oder begrenzt.

Wo ist also der Haken? In vielen Unternehmen ist die Inventions- oder Innovationsentwicklung in den Händen weniger oder – in größeren Unternehmen – in Gruppen und Bereichen fest verankert. Damit ist sie auf natürliche Weise begrenzt. Das gesamte Potential der Innovationsmöglichkeiten über alle unternehmerischen Dimensionen – von der Idee und Produktentwicklung über die internen Prozesse bis zu Marketing, Service und Vertrieb zum Kunden an den Markt – liegt brach.

Neue Potentiale erschließen

Um dieses Potential zu erschließen, ist die Entwicklung einer ganzheitlichen Innovationskultur über mehrere Entwicklungsstufen Voraussetzung, die den Menschen und Markt in den Mittelpunkt stellt. Das heißt sowohl die Mitarbeiter aller Ebenen und Bereiche im eigenen Unternehmen als auch Kunden, Zulieferer und Partner einzubinden.

Dieses sehr komplexe System der ganzheitlichen Innovationskultur unterliegt einer differenzierten Steuerung durch eigenverantwortliche Mitarbeiter, die Ihre Tools gemäß Ihren Aufgaben einsetzen können und wollen. Ein ganz entscheidender Faktor ist dabei – neben den Systemen, die für die verschiedensten Aufgaben zur Verfügung stehen – die Kommunikation und Unternehmenskultur.

Denn nur wenn eine hohe Kommunikations- und Kooperationsbereitschaft intern wie extern ausgeprägt ist, kann dieses System funktionieren. Der zweite entscheidende Aspekt ist die Unternehmenskultur. Die hohe Eigenständigkeit in der Steuerung verlangt nach einer hohen ganzheitlichen Qualifikation und Motivation der Mitarbeiter, ihren Teil zur Gesamtsteuerung zuverlässig beizutragen. Die Basis dafür ist in der Regel eine ausgeprägte Vertrauenskultur.

Wege zur Innovationskultur

Die Wege zur Innovationskultur führen über viele Stufen, von Innovationsaudits,

„Mit uns steht Ihnen die Welt offen. Mit FAZjob.NET unsere Spitzenjobs."
Jürgen Jäckel, Leiter Personalservice Konzern, Fraport
Auf FAZjob.NET finden kluge Köpfe den perfekten Job. Die neue Karriereplattform der F.A.Z. bietet Fach- und Führungskräften attraktive berufliche Perspektiven. Profitieren Sie jetzt online und im Print-Stellenmarkt von der umfassenden Auswahl an erstklassigen Stellenangeboten erfolgreicher Unternehmen.
Frankfurter Allgemeine
FAZJOB.NET
Wir bringen Sie weiter.

Barrierelisten, internen Innovationsmessen, Optimierungs- und Beschleunigungsprogrammen über Innovationsbilanzen, Innovationszirkel, Umorganisationen bis hin zu internen wie externen Kooperationsnetzwerken und Awards.

Die führenden Unternehmen im Dienstleistungssektor haben erkannt, dass auch für ihre Branche der Weg in Richtung ganzheitliche Innovationskultur führt, wenn sie den komplexen Anforderungen des Marktes und der Zukunft erfolgreich begegnen

Ganzheitliche Innovationskultur mit Mensch und Markt im Mittelpunkt

Quelle: F.A.Z.-Institut

Diese kurze Darstellung zeigt, dass es sich um eine effiziente Mischung von Hard- und Softskills handelt, die in einer individuellen Innovationskultur münden, die praktisch nicht kopierbar ist. Denn Produkte, Prozesse und Geschäftssysteme sind kopierbar, standardisierbar oder austauschbar; die weichen Faktoren, die Unternehmenskultur und Mitarbeiter (Innovatoren) hingegen nicht.

Das ist auch das Geheimnis, warum sich Unternehmen in dieser Best-Practice-Studie oder für Unternehmensbesuche bei den Innovationsprojekten öffnen. Jeder kann einen Teil visuell und durch direktes Erleben auf- und mitnehmen, aber er kann es weder eins zu eins übertragen noch den Entwicklungsvorsprung des Gesamtsystems aufholen.

wollen. In diesem Band haben Sie einige Beispiele quer durch die verschiedenen Dienstleistungsbranchen, wohin der Weg gehen kann.

www.innovationsprojekte.de

Kommunikation ▪ Best Practice

F.A.Z.-INSTITUT

INNOVATIONSPROJEKTE

Innovation plus Kommunikation

Wissenstransfer ▪ Integration

Kontakte

ARGAND'OR GmbH
Max-Planck-Straße 9
61381 Friedrichsdorf
Tel.: 0 61 72/4 99 97 10
info@argandor.de
www.argandor.de

Beluga Shipping GmbH
Schlachte 22
28195 Bremen
Tel.: 04 21/16 06 00
info@beluga-group.com
www.beluga-group.com

Bundesministerium für Wirtschaft und Technologie
Öffentlichkeitsarbeit
Scharnhorststrasse 34-37
10115 Berlin
Tel.: 0 30/1 86 15-0
info@bmwi.bund.de
www.bmwi.bund.de

Commerzbank AG
Kaiserplatz 16
60311 Frankfurt
Tel.: 0 69/13 62-0
companyworld@commerzbank.com
www.commerzbank.com

Der Grüne Punkt – Duales System Deutschland GmbH
Frankfurter Straße 720-726
51145 Köln
Tel.: 0 22 03/9 37-0
pressestelle@gruener-punkt.de
www.gruener-punkt.de

Deutsche Post AG
Charles-de-Gaulle-Straße 20
53113 Bonn
Tel.: 02 28/1 82-0
www.dpwn.de

Deutsche Telekom
Friedrich-Ebert-Allee 140
53113 Bonn
Tel.: 02 28/1 81-49 49
presse@telekom.de
www.telekom.de

Digital Revolution Technology GmbH
Paulinenstr. 21a
32756 Detmold
Tel.: 0 52 31/30 16 95
m.beck@divolution.com
www.divolution.de

Deutsches Zentrum für Luft- und Raumfahrt e. V.
Linder Höhe
51147 Köln
Tel.: 0 22 03/601-0
contact-dlr@dlr.de
www.dlr.de

d-serv SE GmbH
Handwerkerpark 3
72070 Tübingen
Tel.: 0 70 71/7 95 68-0
info@dserv.net
www.dserv-se.de

Europäische Kommission
Referat Entwicklung der Innovationspolitik
Reinhard.Buescher@ec.europa.eu
Maria.Perogianni@ec.europa.eu

European Business School
International University – Schloss Reichartshausen
Stiftungslehrstuhl für ABWL und Industrielles Management
65375 Oestrich-Winkel
Tel: 0 67 23/60 22 11
ronald.gleich@ebs.edu
www.ebs.de

F.A.Z.-Institut GmbH
Geschäftsbereich Innovationsprojekte
Mainzer Landstraße 199
60326 Frankfurt am Main
Tel.: 0 69/75 91-14 86
innovationsprojekte@faz-institut.de
www.innovationsprojekte.de

Fraport AG
60547 Frankfurt am Main
Tel.: 0 69/69 02 18 54
s.lapp@fraport.de
www.fraport.de

GENEART AG
Josef-Engert-Str. 11
93053 Regensburg
Tel.: 09 41/9 42 76-0
info@geneart.com
www.geneart.com

GRG Services Group
Wandsbeker Chaussee 66
22089 Hamburg
Tel.: 0 40/25 15 13-0
hamburg@grg.de
www.grg.de

IDS Scheer AG
Altenkesseler Straße 17
66115 Saarbrücken
Tel.: 06 81/2 10-0
info@ids-scheer.de
www.ids-scheer.com

I.K. Hofmann GmbH
Lina-Ammon-Str. 19
90471 Nürnberg
Tel.: 09 11/9 89 93-0
info@hofmann.info
www.hofmann.info

Infraserv Höchst
Unternehmenskommunikation
Industriepark Höchst, Gebäude C 770
65926 Frankfurt am Main
Tel.: 0 69/3 05-71 83
kommunikation@infraserv.com
www.infraserv.com

Innovation Studies Centre
Tanaka Business School
Imperial College London
South Kensington Campus
London SW7 2AZ
Tel: +44 (0)20 75 94 17 88
j.bessant@imperial.ac.uk
www.imperial.ac.uk/innovationstudies

INOSOFT AG
Im Rudert 15
35043 Marburg
Tel.: 0 64 21/9 91 50
info@inosoft.de
www.inosoft.de

Katholisches Klinikum Koblenz
Marienhof und Brüderhaus
Postfach 300663
56028 Koblenz
Tel.: 02 61/4 96-0
info@kk-koblenz.de
www.kk-koblenz.de

Mainova EnergieDienste GmbH
Solmsstraße 38
60 623 Frankfurt am Main
Tel.: 0 69/21 32 13 69
kundenservice@mainova-energiedienste.de
www.mainova.de

B. Metzler seel. Sohn & Co. KGaA
Große Gallusstraße 18
60311 Frankfurt am Main
Tel.: 0 69/21 04-0
metzler@metzler.com
www.metzler.com

MY-HAMMER AG
Gerhard-Hoehme-Allee 1
41466 Neuss
Tel.: 0 21 31/56 06-218
presse@my-hammer.de
www.my-hammer.de

Phenion GmbH & Co. KG
Merowingerplatz 1a
40225 Düsseldorf
Tel.: 0211/7 97 64 57
andrea.saettler@henkel.com
www.phenion.com

PricewaterhouseCoopers AG WPG
Marie-Curie-Str. 24-28
60439 Frankfurt a. M.
Tel.: 0 69/95 85-0
www.pwc.de

RS Components GmbH
Hessenring 13 b
64546 Mörfelden-Walldorf
Tel.: 0 61 05/4 01-2 34
rs-gmbh@rsonline.de
www.rsonline.de

Sixt Leasing AG
Zugspitzstraße 1
82049 Pullach
Tel.: 0 89-7 44 44-0
leasing@sixt.de
www.sixt-leasing.de

Stadt Dortmund
Wirtschaftsförderung
Töllnerstraße 9-11
44122 Dortmund
Tel.: 02 31/50-2 20 59
info@wirtschaftsfoerderung-dortmund.de
www.wirtschaftsfoerderung-dortmund.de

TÜV Technische Überwachung Hessen GmbH
Rüdesheimer Str. 119
64285 Darmstadt
Tel.: 0 61 51/60 03 01
office@tuevhessen.de
www.tuev-hessen.de

Innovationstreiber